Walter Krämer
Statistik verstehen

PIPER

Zu diesem Buch

Wenn Sie sich von Mittelwerten und Wachstumsraten nicht mehr überfahren lassen wollen, den Trends und Zyklen gerne auf die Finger sehen, sich weigern, Korrelationen und Saisonkonstanten unverdaut zu schlucken, die monatlichen Zahlen zu Inflation und Preisindex nicht unbesehen glauben, sondern statt dessen wissen wollen: »Wie funktioniert das überhaupt?« – dann führt Walter Krämer Sie schnell und effizient in die Statistiklehre ein. Denn viele Statistiken, mit denen uns die Medien tagtäglich überschütten, sind oftmals spannender als jeder Kriminalroman. Man muß sie nur verstehen – und das ist nicht schwer. Es setzt außer den vier Grundrechenarten kaum Mathematik voraus. In diesem Standardwerk für den Einstieg in die Statistik erfahren Sie außerdem, wie man statistische Daten in graphische Darstellungen umsetzt und gekonnt präsentiert. Ein brillantes und fundiertes Buch – sachkundig und hilfreich für alle, die mit Statistik zu tun haben.

Walter Krämer, geboren 1948, ist Professor für Wirtschafts- und Sozialstatistik an der Universität Dortmund. Er ist Autor vieler Bestseller, darunter das »Lexikon der populären Irrtümer«, und Vorsitzender des »Vereins Deutsche Sprache e.V.« (www.vds-ev.de). Krämer ist verheiratet und hat zwei Kinder. Zuletzt erschien von ihm »Die Angst der Woche. Warum wir uns vor den falschen Dingen fürchten«.

Walter Krämer

Statistik verstehen

Eine Gebrauchsanweisung

Piper München Zürich

Mehr über unsere Autoren und Bücher:
www.piper.de

Von Walter Krämer liegen bei Piper vor:
Statistik verstehen
Die Angst der Woche
Lexikon der schönen Wörter (mit Roland Kaehlbrandt)

MIX
Papier aus verantwor-
tungsvollen Quellen
FSC® C083411

Ungekürzte Taschenbuchausgabe
Piper Verlag GmbH, München
1. Auflage Februar 2001
11. Auflage September 2014
© 1992 Campus Verlag GmbH, Frankfurt/Main
Umschlaggestaltung: semper smile, München
Umschlagabbildung: Leon Zernitzky / ZEFA
Satz: Fotosatz Czermak, Geisenhausen
Papier: Munken Print von Arctic Paper Munkedals AB, Schweden
Druck und Bindung: CPI books GmbH, Leck
Printed in Germany   ISBN 978-3-492-23039-1

A basic literacy in statistics will one day be as necessary for efficient citizenship as the ability to read and write.

(H.G. Wells)

Inhalt

Vorwort

Statistiker haben es in unserer sozialen Hackordnung nicht leicht. Wenn mich Leute nach Beruf und Arbeit fragen und ich sage: »Professor für Statistik«, erschrecken viele regelrecht oder sehen mich an, als ob sie sagen wollten: »Der Ärmste« oder »Na ja, macht ja nichts«. Sie halten mich für einen Zahlenschinder, für einen Tabellenknecht, der den ganzen Tag nur Erbsen zählt.

In Wahrheit sind viele Zahlen und Statistiken, mit denen uns die Medien heute täglich überschütten, spannender als jeder Kriminalroman. Man muß sie nur verstehen, und genau das werden Sie mit diesem Buch.

In gewisser Weise sind die folgenden Seiten auch als tätige Reue für mein Buch *So lügt man mit Statistik* anzusehen. Leider haben viele Leser darin vor allem eine Bestätigung alter Vorurteile gesehen, während ich doch nur zeigen wollte, daß die Statistik wie jede andere Brille auch, durch die wir unsere Welt betrachten, sowohl aufklären als auch verzerren kann.

Dieses Buch soll daher den korrekten Umgang mit den Daten zeigen. Es ist als eine Art Überlebenstraining für den Datendschungel der modernen Informationsgesellschaft an-

gelegt, als ein Vademecum für Zeitungsleser, Fernseher und
Radiohörer (und Leserinnen, Seherinnen und Hörerinnen
natürlich auch), die sich von Mittelwerten und Wachstumsraten nicht mehr überfahren lassen wollen, die Trends und
Zyklen gerne auf die Finger sehen, die sich weigern, Korrelationen und Saisonkonstanten unverdaut zu schlucken, die
den monatlichen Zahlen zu Inflation und Preisindex nicht
unbesehen glauben, sondern die statt dessen innehalten, um
zu fragen: »Verdammt und zugenäht, was ist das überhaupt?«

Es soll weder Lehrbuch noch Formelsammlung sein (obwohl natürlich Studenten und Studentinnen aller Fächer, die
in ihren Statistik-Zwangsvorlesungen vor lauter Symbolge-
strüpp keinen Wald mehr sehen, wie auch Hörer und Hörerinnen einschlägiger Kurse an Volkshochschulen und anderen Lehranstalten als Leser hochwillkommen sind), setzt
außer den vier Grundrechenarten kaum Mathematik voraus,
versucht, ohne Fachjargon und mit einem Minimum an Formeln auszukommen und geht, wo immer möglich, von konkreten Daten und Problemen aus. Am besten lesen Sie es wie
ein Lexikon: nicht von vorne nach hinten, sondern querbeet
nach Bedarf.

Daher ist dieses Buch auch für den gestreßten Journalisten
nützlich, der sich schnell über das Sozialprodukt, die Lebenserwartung oder den deutschen Aktienindex DAX informieren muß, wie auch als Nachhilfe für alle, die in Beruf,
Hobby oder Alltag selber Daten sammeln, auswerten oder
präsentieren müssen. Dafür braucht man weder Studium
noch Abitur. Genauso wie man eine fremde Sprache schon
passabel spricht, wenn man das eine Prozent der häufigsten
Vokabeln kennt, kann man auch mit Daten passabel umge-
hen, wenn man das eine Prozent der einfachsten Prozeduren

kennt. Den Rest kann man getrost den Spezialisten überlassen.

Für diese Spezialisten und für alle, die nach den folgenden Seiten Lust bekommen, welche zu werden, geben die folgenden Kapitel auch einige »Denksport-Exkurse«, die ansonsten gefahrlos überschlagen werden können, sowie einen ersten Einstieg in die jeweilige Fach- und Lehrbuchliteratur.

Beim Präparieren des Textes haben mir geholfen: Sonja Berghoff, Meike Deiters und Mathias Michels durch das Nachrechnen der Zahlenbeispiele und die Kontrolle meiner Rechtschreibung und Grammatik, Heide Aßhoff durch die EDV-Bearbeitung meines notorisch unlesbaren handschriftlichen Manuskripts, Ralf Runde mit verschiedenen Computergraphiken, Judith Langlois, der Verlag Walter de Gruyter und die Redaktion des *Kicker-Sportmagazin* durch das Überlassen von Quellen bzw. die Erlaubnis zum Nachdruck derselben, Benedikt Burkard vom Campus Verlag als wahrer Anwalt aller potentiellen Leser durch sein Insistieren auf Verständlichkeit und last not least meine Frau Doris, die als Versuchskaninchen große Teile des Manuskriptes probelesen mußte und mich vor manchem stilistischen Ausrutscher gerettet hat.

Ich danke allen herzlich und bitte, verbleibende Fehler und Pannen allein dem Autor anzulasten.

Dortmund, im März 1992 *Walter Krämer*

Vorwort zur überarbeiteten 3. Auflage

Diese dritte Ausgabe meiner Statistik-Gebrauchsanweisung unterscheidet sich von den beiden Vorgängern einmal durch die Anpassung der Beispiele an den Wandel der Zeiten, vor allem aber durch die Aufnahme zweier neuer Kapitel über die optimale Präsentation von Daten, wie sie heute von immer mehr Benutzern statistischer Methoden erwartet wird. Was nützt es, wenn man selbst erfolgreich hinter die Kulissen eines Zahlentheaters schaut, aber dann auf seinen Erkenntnissen sitzenbleibt! Deshalb habe ich für alle Leser, die nicht gleich mein komplettes Buch zur graphischen Präsentation von Daten lesen wollen (*So überzeugt man mit Statistik*, Frankfurt/New York 1994), die wichtigsten Tips und Kniffe wie auch die Fallen, die sich hier gerne zwischen Publikum und Daten stellen, in dieser allgemeinen Anleitung nochmals zusammengefaßt.

Dortmund, im April 1998   *Walter Krämer*

1. Daten und Datenorganisation

Schwimmen lernt man nur im Wasser, und den sinnvollen Umgang mit Daten lernt man nur, indem man sich mit Daten selbst beschäftigt. Kommen wir daher ohne große Vorrede gleich zur Sache und bringen als erstes etwas Ordnung in das tägliche Chaos der Zahlen und Fakten um uns herum. Das ist einfacher als man denkt, und einige der wichtigsten Tricks und Kniffe sehen wir uns auf den folgenden Seiten einmal näher an.

Beginnen wir an einem Morgen im Herbst des Jahres 1937. Robert Jordan, Professor für moderne Sprachen, sportlich, Freiheitskämpfer, unglücklich verliebt und Romanheld Ernest Hemingways in *Wem die Stunde schlägt*, bittet einen alten Bauern, bei einer statistischen Erhebung auszuhelfen, nämlich die Aktionen der Franco-Soldaten in den Bergen vor Madrid für einen Angriff der Republikaner auszuspähen:

»Du sollst die Straße beobachten. Notiere alles, was die Straße entlangkommt, in beiden Richtungen.«

»Ich kann nicht schreiben.«

»Das ist nicht nötig.« Robert Jordan riß zwei Blätter aus seinem Notizbuch und schnitt mit dem Taschenmesser ein kurzes Stück von seinem Bleistift ab. »Nimm das und mach ein Zeichen für Tanks – so.« Er zeichnete einen schiefen Tank. »Und dann ein Zeichen für jeden einzelnen, und wenn es vier sind, dann machst du einen Strich durch die vier für den fünften.«

»So pflegen wir zu zählen.«

»Gut. Dann mach ein weiteres Zeichen, zwei Räder und eine Kiste für die Lastwagen. Wenn sie leer sind, mach einen Kreis, und wenn sie mit Soldaten besetzt sind, mach einen geraden Strich. Ein Zeichen für Geschütze. Große so. Kleine so. Ein Zeichen für Autos. Ein Zeichen für Ambulanzen. So – zwei Räder und eine Kiste mit einem Kreuz drauf. Ein Zeichen für Infanterie nach Kompanien, so, siehst du? Ein kleines Viereck und dann ein Strich daneben. Ein Zeichen für die Kavallerie, so, siehst du? Wie ein Pferd. Eine Schachtel mit vier Beinen. Das ist eine Abteilung von zwanzig Pferden. Du verstehst. Für jede Abteilung ein Strich.«

»Ja, das ist sehr sinnreich.«

. . . »Gut, und daß ich, wenn du zurückkommst, *genau* weiß, was sich auf der Straße bewegt! Ein Blatt für die eine Richtung, ein Blatt für die andere.«

Statt dessen hätte Robert Jordan sein Anliegen auch so vortragen können:

»Mein lieber Anselmo« – so hieß der alte Bauer –, »ich hätte gerne eine zweidimensionale Kontingenztabelle der Merkmale ›Waffe‹ und ›Marschrichtung‹ der Faschisten, mit den Ausprägungen ›Tank‹, ›Lastwagen‹, ›Geschütz‹, ›Auto‹, ›Ambulanz‹, ›Infanteriekompanie‹ und ›Kavallerieabteilung‹ für das Merkmal ›Waffe‹ und mit den Ausprägungen ›bergauf‹ und ›bergab‹ für das Merkmal ›Marschrichtung‹.«

Jedoch kommen wir auch ohne diesen Fachjargon zurecht. Wie in Hemingways Roman brauchen wir zum sinnvollen Auswerten von Daten oft nur unsere fünf Finger und ein Blatt Papier. So könnte etwa am Ende von Anselmos Mühen die folgende Tabelle stehen (oft auch Kontingenztafel oder Kreuztabelle genannt; um Platz zu sparen, habe ich ein paar Ausprägungen des Merkmals »Waffe« weggelassen), die Robert Jordan sofort einen Überblick verschafft, mit welchem Widerstand die Republikaner rechnen müssen, und ihn zugleich warnt, daß die Feinde von dem Angriff wissen, weil nämlich weit mehr ihrer Kräfte den Paß hinauf- als hinunterziehen:

	↗	↘
🛡 (Panzer)	‖‖‖ ‖‖‖ ‖‖‖ (8)	‖ (2)
(Lastwagen)	‖‖‖ ‖‖‖ ‖‖ (12)	‖ (1)
(Auto)	‖‖‖ ‖‖‖ (8)	‖‖‖ ‖ (6)
(Geschütz)	‖‖‖ (3)	
(Mann)	‖‖‖ ‖‖ (7)	‖ (2)
(Pferd)	‖ (2)	‖ (1)

Eine einfache Kreuztabelle:
Truppenbewegungen am X-Paß auf der Straße von Y nach Madrid

Qualitative und quantitative Merkmale

Die Merkmale »Waffe« und »Marschrichtung« in Hemingways Roman sind qualitativ. Ein Merkmal alias Variable heißt »qualitativ«, wenn es eine Eigenschaft, »Qualität« bzw.

Beschaffenheit der untersuchten Objekte bezeichnet wie Religion, Geschlecht, Beruf, Haarfarbe, Automarke, Staatsangehörigkeit, Wohnort etc. Typische Ausprägungen solcher qualitativen Variablen sind: evangelisch, katholisch, männlich, weiblich, Lehrer, Angestellter, Student etc. Dagegen heißt ein Merkmal »quantitativ«, wenn seine Ausprägungen »echte« Meßwerte, d.h. addier-, subtrahier- und multiplizierbar sind. Beispiele für quantitative Merkmale sind: Körpergröße, Gewicht, Alter, Einkommen, Vermögen, Länge, Breite, Höhe, Tiefe, Fläche etc. Im Gegensatz zu qualitativen Merkmalen macht es hier Sinn zu sagen: Herr X ist doppelt so alt wie Frau Y, oder: Die Wolga ist 2 367 Kilometer länger als der Rhein. Oft werden solche Merkmale auch metrisch genannt. Ihre Ausprägungen müssen immer Zahlen sein.

Wer will, kann diese Grobeinteilung noch verfeinern. Gewisse qualitative Merkmale etwa wie »Schulabschluß« oder »Gesundheitszustand« lassen zwar kein Addieren oder Multiplizieren, aber immerhin noch ein Aufreihen ihrer Ausprägungen zu, von klein nach groß oder von gut nach schlecht oder nach einem anderen geeigneten Kriterium. Sie heißen deshalb ordinal (vom lateinischen ordo = Ordnung), und qualitative Merkmale, deren Ausprägungen sich nicht sinnvoll sortieren lassen, heißen nominal. Jedoch muß man sich diesen Jargon nicht merken – wichtig ist allein, mit Daten, wie sie auch immer heißen mögen, richtig umzugehen.

> Quantitative Variable sind solche, deren Werte sich addieren und subtrahieren lassen. Qualitative Variable sind solche, deren Werte sich nicht sinnvoll addieren und subtrahieren lassen. Quantitative Variable heißen oft auch »metrisch«.

Das Stengel-Blatt-Diagramm

Ein einfacher, aber wirksames Werkzeug zur Analyse metrischer Daten ist das »Stengel-Blatt-Diagramm«. Angenommen, wir wollen wissen, wie alt unsere Nachbarn sind, und haben dazu die folgenden Daten erhoben:

26, 34, 35, 13, 4, 20, 74, 50, 14, 48, 14, 53, 9, 39, 36, 40, 41, 56, 16, 41, 17, 46, 43, 18, 35, 38, 35, 45.

Zusammen haben wir hier 28 Personen, unsortiert, so wie die Daten angefallen sind. Solche Listen werden oft auch »Urliste« genannt.

Das Stengel-Blatt-Diagramm – englisch »Stem and Leaf Display« – sortiert nun diese Zahlen nach der Größe und der ersten Ziffer, mit erster Ziffer 0 für Personen unter 10. Von den Anfangsziffern 0, 1, 2, . . . 7 gehen dabei quasi waagerechte Äste (= Stengel) ab, mit den Einzeldaten der Größe nach wie Blätter aufgereiht. Die 3 in der zweiten Zeile steht dabei in Verbindung mit der 1 am linken Rand für das Alter 13, die folgende 4 für 14, die 4 in der letzten Zeile für 74, und so weiter. Der große Vorteil dabei ist, daß die erste Ziffer jeder Zahl nur einmal hingeschrieben werden muß:

```
0  |  4 9
1  |  3 4 4 6 7 8
2  |  0 6
3  |  4 5 5 5 6 8 9
4  |  0 1 1 3 5 6 8
5  |  0 3 6
6  |
7  |  4
```

Dieses Stengel-Blatt-Diagramm enthüllt sofort verschiedene Besonderheiten der Altersverteilung, die im Chaos der Ur-

liste nur schwer zu finden sind: daß unser jüngster Nachbar
(bzw. unsere jüngste Nachbarin) 4 und der oder die älteste
74 Jahre zählt, daß die Altersgruppen der 30- bzw. 40jähri-
gen mit jeweils sieben Personen die am stärksten besetzten,
Twens und Senioren dagegen kaum vertreten sind, oder daß
die 35jährigen mit drei Vertretern bzw. Vertreterinnen den
stärksten Jahrgang stellen. »Typisches Stadtrand-Neubau-
viertel mit jungen Zwei-Generationen-Ein-Kind-Familien«,
wie Sherlock Holmes jetzt kombinieren würde (und damit
vermutlich sogar recht behielte).

Bei überschaubaren Datenmengen (etwa 20-200) gibt es
nichts Besseres zur Organisation metrischer Daten als das
Stengel-Blatt-Diagramm: unkompliziert, platzsparend (da
die führende Ziffer jedes Blattes nur einmal geschrieben werden muß), aber trotzdem informationserhaltend (denn bis
auf die Reihenfolge der Ausgangsdaten geht kein Bit Information aus der Urliste verloren). Leider ist es in der Praxis
kaum bekannt.

Das Histogramm

Die älteste Methode zum Aufbereiten metrischer Daten ist
das »Histogramm«. Vor allem bei großen Datenmengen ist
es dem Stengel-Blatt-Diagramm an Handlichkeit und Effizi-
enz oft überlegen. Das folgende Histogramm etwa stellt die
7 542 täglichen Wachstumsraten der Aktie BMW vom 4. Januar 1960 bis 1. April 1990, an deren schierer Masse jedes
Stengel-Blatt-Diagramm verzweifeln müßte, schön über-
sichtlich graphisch dar.

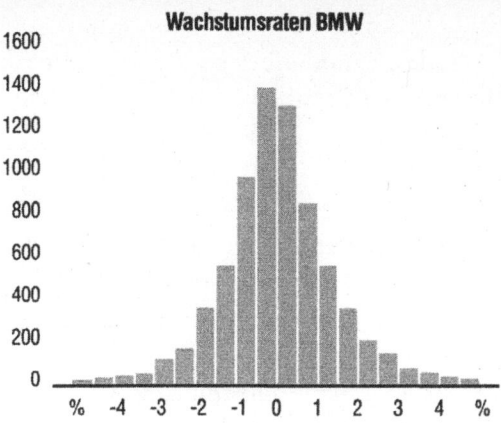

So wie hier teilt man für ein Histogramm ganz allgemein den Wertebereich der Daten in zusammenhängende Teilbereiche (= Intervalle) auf und trägt über jedem Intervall die Zahl der darauf entfallenden Werte als Säule ab. So geht zwar ein Teil der Urliste verloren, denn alle Daten eines Intervalls landen jetzt in einem Topf, aber andere vorher in der Masse der Details verschüttete Aspekte der Daten, wie hier eine fast perfekte Symmetrie der Kursänderungen um einen mittleren Wert von 0 herum, liegen plötzlich und für jeden sichtbar frei.

Die glockenförmige Gestalt des Histogramms, mit ihrer Massierung der Daten um den Mittelwert und dem schön geschwungenen Abflachen gegen die Ränder des Wertebereichs, verrät uns auch, daß die relativen Kursänderungen der BMW-Aktie fast perfekt einer »Normalverteilung« folgen, einem von C. F. Gauß entdeckten Gesetz der Verteilung zufällig erzeugter Zahlen, das genau festlegt, wieviel Prozent der Daten in welchem Intervall zu finden sind. Ähnliche immer wiederkehrende Muster zeigen auch Histogramme der

Körpergröße von Giraffen oder Mäusen, des Stammesumfangs deutscher Eichen oder des Gewichts von Hühnereiern oder Elefanten. Der mathematische Hintergrund dieses Sachverhalts, der »Zentrale Grenzwertsatz«, soll uns hier nicht weiter interessieren – uns genügt zu wissen, daß man analoge Muster wie bei den BMW-Renditen immer dann erwarten darf, wenn sich eine Zahl aus vielen zufälligen Zutaten, wie hier den Informationen und Entscheidungen tausender einzelner Käufer und Verkäufer zusammensetzt.

Aber auch Unregelmäßigkeiten in den Daten bringt ein Histogramm ans Tageslicht: Die folgende »Bevölkerungspyramide« (d.h. zwei auf den Kopf gestellte Histogramme in

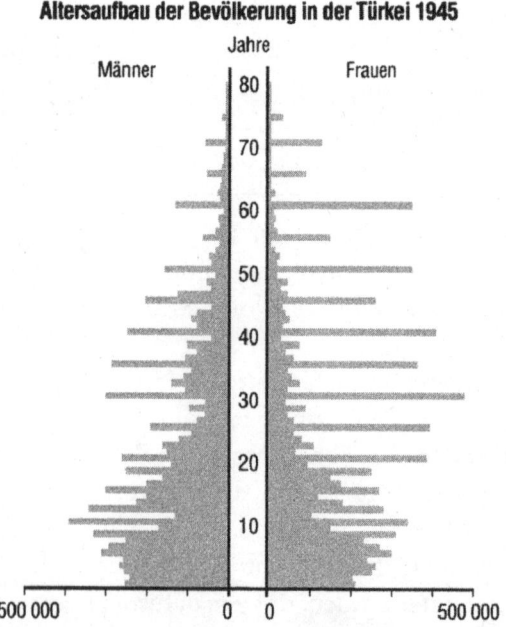

Ist das die Bevölkerung der Türkei?

einem) scheint geradezu zu schreien: »Achtung! Datenfehler!« Denn die abnormen Besetzungszahlen der »runden« Altersklassen können doch kein Zufall sein!

Und so ist es auch. Das Histogramm faßt eine kurz nach dem 2. Weltkrieg durchgeführte Volkszählung in der Türkei zusammen, bei der viele Befragte ganz offensichtlich statt ihres wahren Alters das nächste runde angegeben hatten. Das erklärt die Sägezähne in dem Histogramm. Bei der nächsten Volkszählung wurde daher nicht mehr das Alter, sondern das Geburtsjahr nachgefragt, denn das bleibt das ganze Leben gleich, und die Versuchung zum Auf- oder Abrunden ist hier lange nicht so groß.

Eine ähnliche Unregelmäßigkeit enthüllt auch das folgende Histogramm von Klausur-Ergebnissen »Statistik II für Wirtschafts- und Sozialwissenschaftler« an der Universität von D. An dieser Klausur hatten 363 Studenten und Studentinnen teilgenommen. Bei 14 Punkten oder mehr war die Klausur bestanden, und das Histogramm zeigt an, wieviele Kandidaten mit ihren Punkten auf die angezeigten Inter-

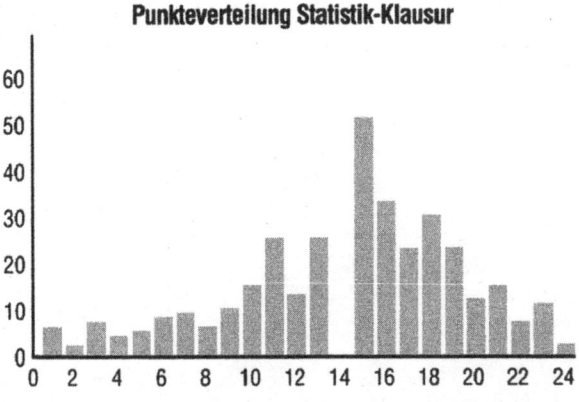

Eine seltsame Lücke in der Punkteverteilung

valle entfallen (präzise: Punktzahlen von der linken bis unter die rechte Grenze erreichten; auch halbe Punkte waren möglich).

Auch an diesem Histogramm fällt sofort etwas Abnormales auf, nämlich eine seltsame Lücke im Punkteintervall von 13 bis unter 14 unmittelbar unter der Durchfallgrenze: ganz offensichtlich wurden Kandidaten und Kandidatinnen knapp unterhalb der Mindestpunktzahl »gnadenhalber« hochgestuft.

Einige Fallstricke bei Histogrammen

Wie grob bzw. wie fein darf bei Histogrammen das Daten-Raster sein? Die Klausurergebnisse zeigen deutlich, wie wichtig diese Frage ist, denn bei drei statt ein Punkt breiten Intervallen hätte deren Histogramm folgende Gestalt:

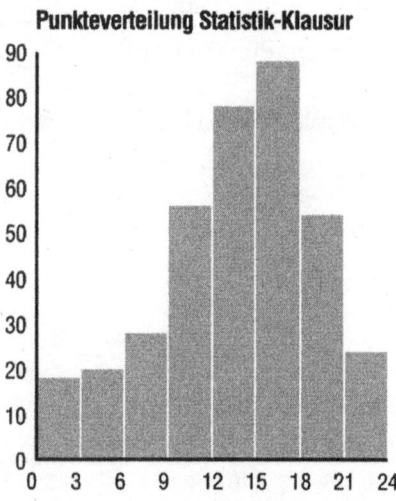

Bei größeren Klassen ist die Lücke verschwunden

Das »Loch« unterhalb der 14 ist jetzt verschwunden! Genauso wären auch die Erhebungsfehler bei der türkischen Volkszählung bei breiteren Klassen, etwa bei 5-Jahres-Intervallen, leicht übersehen worden. Aber auch allzu kurze Intervalle sollte man vermeiden, weil dann die Essenz der Daten leicht in Zufallsschwankungen ertrinkt. Eine allgemeine Regel gibt es dazu leider nicht; am besten probiert man mehrere Varianten aus.

Auch unterschiedlich breite Klassen sind möglich. In den obigen Beispielen hatten die Intervalle jeweils die gleiche Länge, aber das ist weder nötig noch immer möglich (etwa weil die Daten bereits in unterschiedlich breiten Klassen angeliefert werden) und manchmal auch nicht wünschenswert. Zum Beispiel könnte man die Ergebnisse der Statistik-II-Klausur durch Zusammenlegen benachbarter schwach besetzter Intervalle, etwa der ersten drei und letzten zwei, ohne viel Informationsverlust wie folgt noch weiter komprimieren:

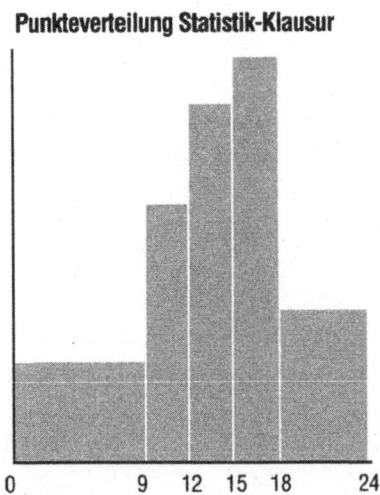

Punkteverteilung Statistik-Klausur

0   9 12 15 18   24

Das gleiche Histogramm mit verschieden breiten Intervallen

Für die Säulenhöhen gilt dabei die Regel

$$\text{Höhe} = \frac{\text{Besetzungszahl}}{\text{Breite}},$$

so daß man bei Histogrammen mit unterschiedlich breiten Säulen die Besetzungszahlen nicht mehr direkt an den Säulenhöhen messen kann. Vielmehr wird eine Säule bei gegebener Besetzung mit zunehmender Klassenbreite immer kürzer: Wenn wir die Säule verbreitern, müssen wir die Höhe entsprechend absenken, damit die Säulen*flächen,* auf die es bei optischen Größenvergleichen vor allem ankommt, proportional den Besetzungszahlen bleiben. Deshalb läßt man bei abweichenden Klassenbreiten die Skalierung auf der senkrechten Achse meistens weg.

Literatur

Die Techniken dieses Kapitels werden in der Statistik unter dem Obertitel »Explorative Datenanalyse« abgehandelt. Sie lassen sich in verschiedene Richtungen verallgemeinern, vor allem auf sogenannte multivariate Daten, d.h. auf Fälle, in denen man pro Merkmalsträger mehrere Merkmale wie Körpergröße, Gewicht, Haarfarbe oder Religion zugleich erfaßt. In dem Buch *Explorative Datenanalyse* (Berlin 1988) von Wolfgang Polasek erfahren Sie dazu mehr. Wer sich nicht an der englischen Sprache stört, kann auch einen Blick in die Bücher *Understanding robust and exploratory data analysis* von Hoaglin, Mosteller und Tukey (Wiley 1983) oder *Beginning statistics with data analysis* von Mosteller, Fienberg und Rourke (Addison Wesley 1983) werfen.

2. Mittelwerte: Einer für alle

»Medio tutissimus ibis« (in der Mitte geht man am sichersten) sagte schon der Dichter Ovid im alten Rom. »Mittelwerte haben Sex-Appeal«, sagen moderne Psychologen in Texas, USA. Sie haben herausgefunden, daß die meisten Menschen Gesichter und Körper dann am attraktivsten finden, wenn deren Maße, wie Nasenlänge, Nasenwinkel, Augenabstand, Form des Kopfes, Brustumfang, Länge der Arme und Beine etc. möglichst gleich dem Durchschnitt aller Nasen, Augen oder Köpfe sind.

Mittelwerte atmen also nicht nur Langeweile und Bürostaub aus, wie viele Menschen glauben; auch wenn es meist um profanere Dinge als um Ästhetik und durchschnittliche Nasenwinkel geht, sind sie doch das wichtigste Werkzeug zur Analyse großer Datenmengen überhaupt. Durchschnitte von Einkommen und Preisen, von Aktienkursen und Klimatabellen, von Arbeitszeiten und Krankenständen, von Hektar-Erträgen und Milchquoten in der Landwirtschaft bis hin zur durchschnittlichen Frequenz des Sexualverkehrs: Von morgens bis abends hantieren wir mit Mittelwerten, oft ohne es zu wissen, und würden ohne sie im Zahlenmeer um uns herum komplett die Übersicht verlieren.

Das arithmetische Mittel

Der bekannteste und einfachste Durchschnitt ist das »arithmetische Mittel« – die Summe der Werte, deren Mittelwert wir suchen, geteilt durch die Zahl dieser Werte. Es ist fast ein Synonym für Durchschnitt überhaupt. Das arithmetische Mittel von 1 und 3 ist also

$$\frac{1+3}{2} = 2,$$

das arithmetische Mittel von 10, 20 und 60 ist

$$\frac{10+20+60}{3} = 30,$$

und das arithmetische Mittel der natürlichen Zahlen von 1 bis 100 ist

$$\frac{1+2+3+\ldots+100}{100} = \frac{5\,050}{100} = 50,5.$$

Für viele praktische Probleme reicht dieses gewöhnliche arithmetische Mittel völlig aus, denn die meisten Durchschnitte, die uns heute im Daten-Alltag begegnen, sind genau von dieser Art. Wenn wir in unserem Reiseführer lesen, daß es in New York an durchschnittlich 145 Tagen im Jahr regnet oder schneit, mit durchschnittlich 144 Zentimetern Regen und 74 Zentimetern Schnee pro Jahr, so steckt dahinter genau diese simple Prozedur: Alle Jahreswerte addieren, durch die Zahl der Jahre teilen, fertig! Genauso kommen auch die durchschnittlichen 1,29 Tore und 30 624 Zuschauer pro Heimspiel von Borussia Dortmund, die durchschnittliche Studiendauer von 11 Semestern in den Wirtschaftswissenschaften, die durchschnittliche deutsche Wohnungsmiete

(60-80 m², Neubau) von 599 Mark im Monat, die durchschnittlichen 4 658 Liter Milch im Jahr pro bundesdeutscher
Kuh oder das durchschnittliche Heiratsalter (erste Ehe) von
28 Jahren für deutsche Männer und viele andere Mittelwerte
mehr zustande: Addition der Werte, Teilen durch die Zahl
der Werte, und schon haben wir den Mittelwert.

Man kann sich das arithmetische Mittel auch sehr schön
als die Zahl vorstellen, welche alle Merkmalswerte quasi
»ausbalanciert«: Wenn wir auf einem großen Lineal bzw.
Balken bei allen Merkmalswerten ein gleichgroßes Gewicht
plazieren, so müssen wir den Balken genau am arithmetischen Mittel auflegen, damit er in der Waagerechten bleibt.
Wie man sich nämlich leicht klarmacht, ist die Summe der
positiven und negativen Abweichungen vom arithmetischen
Mittel immer genau gleich Null, so daß keine Seite des Bal-
kens ein Übergewicht bekommt:

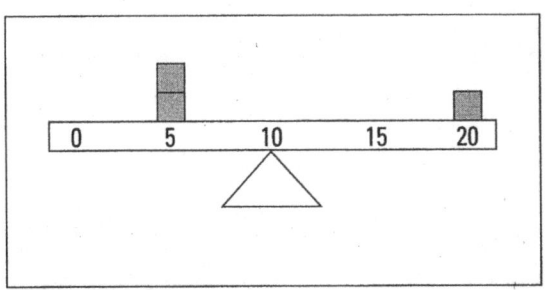

*Das arithmetische Mittel von 5, 5 und 20 ist 10: die Stelle, die den
Balken balanciert*

Das arithmetische Mittel ist die Summe der Merkmalswerte
geteilt durch die Zahl der Merkmalswerte. Es balanciert die
Merkmalswerte gerade aus.

Unsere Beispiele verdeutlichen noch eine andere wichtige Eigenschaft des arithmetischen Mittels, der es vor allem seine Popularität verdankt, nämlich daß man dafür die Einzelwerte im Prinzip überhaupt nicht braucht. Die Summe zusammen mit der Zahl der Werte reicht. Das ist z.B. immer dann ein unschätzbarer Vorteil, wenn man die Einzelwerte überhaupt nicht kennt. So verdiente etwa, wenn wir dem Statistischen Jahrbuch glauben dürfen, ein kaufmännischer Angestellter in der Industrie (alte Bundesländer) im Jahr 1996 brutto durchschnittlich 6 709 Mark im Monat, was vermutlich per Division der gesamten Gehaltssumme durch die Zahl der Angestellten entstand – ohne vorher alle Einzelgehälter zu erfassen, was schon rein technisch gar nicht möglich wäre. Genauso kamen auch die 5,1 Liter Sekt, 21 Liter Wein, 91 Liter Milch, 143 Liter Bier, 102 Kilo Obst, 100,2 Kilo Fleisch (darunter 1 Kilo Schaf- und Ziegen- und 11,4 Kilo Geflügelfleisch), 13,5 Kilo Fisch, 83 Kilo Frischgemüse, 72 Kilo Kartoffeln, 33 Kilo Zucker einschließlich Rübensaft, 7,6 Kilo Sahne, 2,8 Kilo Reis, 153 Eier, 1944 Zigaretten und 19 Zigarillos zustande, die ein Bundesbürger durchschnittlich im Jahr ißt, trinkt, raucht, wegwirft oder sonstwie konsumiert. Auch hier wäre offenbar ein Aufaddieren des Konsums aller 61 Millionen Bundesbürger (alte Bundesländer) völlig illusorisch, und es wurde statt dessen die gesamte im Inland abgesetzte Menge auf 61 Millionen Konsumenten aufgeteilt.

Der Median

Der größte Konkurrent des arithmetischen Mittels ist der »Zentralwert« oder »Median«, definiert als der Wert, der, wenn man die Zahlen wie die Orgelpfeifen der Größe nach sortiert, sozusagen »in der Mitte liegt«:

Angenommen etwa, wir betrachten neun Familien und interessieren uns für das Merkmal »Zahl der Kinder pro Familie«, mit folgendem Ergebnis (schon der Größe nach sortiert):

$$0\ 0\ 0\ 0\ 1\ 2\ 3\ 3\ 6.$$

Der Median ist also 1, denn diese Zahl hat genausoviele Nachbarn – jeweils vier Stück – links wie rechts.

In dieser »Orgelpfeifenliste« darf man keinen Wert vergessen, d.h. Werte wie 0 oder 3, die mehrmals vorkommen, sind auch mehrmals hinzuschreiben. Die einzige Komplikation tritt bei einer geraden Zahl von Werten auf. Bei neun Werten, bzw. ganz allgemein bei einer ungeraden Zahl von Werten, liegt immer einer genau in der Mitte, aber bei einer geraden Zahl von Werten ist das leider nicht mehr so. Angenommen etwa, zu unseren Ausgangsdaten kommt noch eine weitere Familie mit zwei Kindern dazu. Dann hat die sortierte Datenliste folgende Gestalt:

$$0\ 0\ 0\ 0\ 1\ 2\ 2\ 3\ 3\ 6.$$

Die alte Regel funktioniert damit nicht mehr, denn jetzt steht kein Wert mehr genau »in der Mitte«, für keinen Wert ist die Zahl der linken wie der rechten Nachbarn gleich.

Ersatzweise darf daher der Median jetzt links einen Nachbarn mehr als rechts oder rechts einen Nachbarn mehr als links besitzen. Das liefert uns die beiden Kandidaten 1 und 2,

Der Median ist die Größe der Person, die in der Mitte steht

die sich jetzt beide mit dem Titel des Medians schmücken dürfen. Oft nimmt man dann auch das arithmetische Mittel der beiden Kandidaten. Solche Feinheiten müssen uns hier aber nicht weiter interessieren, denn diese Komplikation tritt in der Praxis auch bei einer geraden Zahl von Werten nur ganz selten auf. Hätte etwa die zehnte Familie in unserem Beispiel nur ein Kind statt zwei, so hätte die sortierte Werteliste die Gestalt

$$0\,0\,0\,0\,1\,1\,2\,3\,3\,6,$$

und beide Kandidaten für den Median hätten den gleichen Wert von 1.

Die Vorteile des Medians

Der Median alias Zentralwert hat gegenüber dem arithmetischen Mittel verschiedene Vorteile. Erstens findet man ihn ohne große Rechnerei. Nicht einmal addieren und dividieren muß man können. Zweitens verläßt der Median im Gegensatz zum arithmetischen Mittel niemals seine Ausgangsmenge, von den obigen seltenen Komplikationen einmal abgesehen. Familien mit durchschnittlich 1⅔ Kindern, wie im obigen Beispiel beim arithmetischen Mittel, die sachlich sinnlos sind, kommen beim Median nicht vor. Es gibt Familien mit einem Kind und es gibt Familien mit zwei Kindern, aber Familien mit 1⅔ Kindern gibt es nicht.

Wenn wir also in der Presse lesen, daß eine deutsche Frau in ihrem Leben durchschnittlich 1,2 mal heiratet und 1,7 Kinder hat, so wissen wir: hier hat das arithmetische Mittel zugeschlagen; beim Median wäre diese Panne nicht passiert.

Drittens ist der Median robust gegen sogenannte Ausreißer, also gegen Zahlen, die extrem vom Gros der anderen abweichen. Angenommen etwa, die größte Familie in unserem Ausgangsbeispiel hätte nicht sechs, sondern 69 Kinder (laut *Guinness Buch der Rekorde* die größte jemals von einer Frau zur Welt gebrachte Kinderzahl). Wie groß wären dann Median und arithmetisches Mittel der Kinder pro Familie?

Die sortierte Datenliste hat jetzt folgende Gestalt:

$$0\ 0\ 0\ 0\ 1\ 2\ 3\ 3\ 69.$$

Der Median ist damit weiterhin gleich 1 – er bleibt von dem »Ausreißer« 69 völlig unberührt. Das arithmetische Mittel dagegen gerät völlig aus den Fugen und nimmt nun den Wert $^{78}/_9 = 8\frac{2}{3}$ an, und das erscheint, auch von den $\frac{2}{3}$ abgesehen, doch etwas zweifelhaft: Immerhin haben acht der neun Familien weniger als 8 Kinder, und nur in einer einzigen Familie gibt es mehr. Trotz völlig korrekter Anwendung der Formel liefert das arithmetische Mittel hier also einen Durchschnittswert weit abseits der Masse unserer Daten – in der Politik würde man sagen: es hat den Kontakt zur Basis verloren. Der Median dagegen liegt per Konstruktion immer »mitten in den Daten drin«.

Als vierter und letzter Vorteil schließlich ist der Median auch bei nichtmetrischen Daten anwendbar. Wie wir uns aus dem zweiten Kapitel erinnern, heißt eine Variable »quantitativ« oder »metrisch«, wenn ihre Werte quasi »von Natur aus« Zahlen sind, wie bei den Variablen »Körpergröße«, »Gewicht«, »Einkommen«, »Inflationsrate« etc. Merkmale alias Variable mit anderen Werten als Zahlen, wie »Religion«, »Haarfarbe« oder »Staatsangehörigkeit«, heißen dagegen »qualitativ«, und für solche Variablen ist das arithmetische Mittel nicht berechenbar.

Anders dagegen der Median. Er ist für gewisse qualitative Merkmale, nämlich solche, deren Ausprägungen sich nach einem geeigneten Kriterium sortieren lassen – also für sogenannte ordinale Merkmale –, weiterhin berechenbar. Nehmen wir das Merkmal »Schulabschluß« bzw. präziser »höchster formaler Ausbildungsgang«. Die möglichen Ausprägungen seien hier »kein Abschluß« (KA), »Hauptschule« (H), »Realschule« (R), »Abitur« (A), »Fachhochschule« (FH), »Universität« (U) und »Promotion« (P), wobei wir einmal unterstellen wollen, daß alle hier nicht explizit erfaßten Bildungsgänge einer dieser Klassen zuzuordnen sind.

Nun sind die Werte dieses Merkmals »Schulabschluß« gewiß nicht quantitativ. Jedoch lassen sie sich noch immer »der Größe nach« von KA bis P sortieren, wenn wir einmal als Kriterium die reine Dauer der Ausbildung nehmen, so daß

z.B. in einem Betrieb mit elf Mitarbeitern, und den Ab-
schlüssen

KA KA H H H R A A FH U P

auch weiterhin ein »durchschnittlicher« Schulabschluß berechnet werden kann: R = Realschulabschluß, der Median,
der Wert, der in der Mitte steht.

So wie hier ist der Median auch bei anderen ordinalen
Merkmalen, besonders bei Qualitätsurteilen aller Art, etwa
bei Weinproben, Oscar-Verleihungen oder Schönheitskon-
kurrenzen, problemlos anwendbar. Wenn also jemand sagt,
die Qualität der Lieder im »European Song Contest« habe
im Lauf der Jahre im Mittel abgenommen, so muß, sofern
diese Einschätzung nicht nur so dahingesagt wurde, der Median hinter diesem Urteil stehen. Das arithmetische Mittel
jedenfalls ist hier nicht anwendbar.

Oft versuchen die Anhänger des arithmetischen Mittels,
sich aus diesem Dilemma durch Umcodieren der Merkmalswerte herauszumogeln. Paradebeispiel sind hier die notorischen Schulnoten, von »sehr gut = 1« bis »ungenügend = 6«,
die aber auch als Zahlen verkleidet niemals metrisch werden.
Dazu müßte man nämlich guten Gewissens sagen können,
daß der »Abstand« von einer Eins zu einer Zwei genauso
groß ist wie der Abstand von einer Zwei zu einer Drei und
dieser genauso groß wie von drei zu vier bzw. von vier zu
fünf bzw. von fünf zu sechs. Andernfalls bleibt das Merkmal
»Schulnote« aller Zahlenverkleidung zum Trotz weiter nur
ordinal und die arithmetische Mittelung von Schulnoten
strenggenommen illegal.

Bei nominalen Merkmalen, also bei qualitativen Variablen,
deren Ausprägungen noch nicht einmal sinnvoll zu ordnen
sind (Automarke, Sternzeichen, Geburtsort etc.), versagt

aber auch der Median. Nominale Merkmale lassen überhaupt keine sinnvollen Durchschnitte mehr zu – oder was
hat man sich unter der »mittleren Automarke« auf Deutsch-
lands Straßen vorzustellen? Allenfalls könnte man den häufigsten Wert, auch »Modalwert« genannt, zum Durchschnitt
küren, was viele auch für diesen Fall empfehlen, aber nach
meinem Sprachverständnis wird hier das Wesen eines
»Durchschnitts« doch etwas verkannt.

Wann nimmt man das arithmetische Mittel und wann den Median?

In der großen Mehrzahl aller Fälle, in denen man in Alltag,
Wirtschaft oder Wissenschaft einen Durchschnitt braucht,
haben wir es mit einem metrischen Merkmal zu tun, d.h. sowohl arithmetisches Mittel als auch Median sind berechenbar. Welchen Durchschnitt nimmt man dann?

Die salomonische Antwort heißt in diesem Fall: es kommt
darauf an. In der mathematischen Statistik kann man z.B.
zeigen, daß für das Schließen von einer Stichprobe auf eine
größere Grundgesamtheit das arithmetische Mittel in der
Regel vorzuziehen ist: Es nützt die Information der Stichprobe effizienter aus. So kann man etwa vom arithmetischen
Mittel und der Zahl der Werte auf die Werte-Summe
schließen, vom Median aber nicht. Z.B. sagt ein arithmetisches Mittel von $8\frac{2}{3}$ Kindern bei insgesamt neun Familien
sofort, daß alle Familien zusammen 78 Kinder haben. Der
Median von 1 dagegen erlaubt diesen Rückschluß nicht, d.h.
er enthält in gewisser Weise weniger Information.

Auf keinen Fall ist ein Mittelwert nach dem Kriterium auszuwählen, welcher besser in das Weltbild paßt. Seit Jahren etwa verfolge ich voller Interesse die Debatte um die Einkommen unserer niedergelassenen Ärzte, wo man je nach Standpunkt einmal das eine und einmal das andere Mittel wählt. Das arithmetische Mittel liegt, während ich diese Zeilen schreibe, bei rund 300 000 DM im Jahr (brutto, nach Abzug der Praxiskosten), der Median rund 100 000 DM darunter. Daher zitieren alle, die glauben, unsere Ärzte verdienten viel zuviel, gern das arithmetische Mittel, die Ärzte selbst dagegen, die seit jeher gern das Hungertuch als Fahne führen, lieber den Median.

Hier wie in allen solchen Zweifelsfällen sollte man am besten vorher klären, was man will: den Anteil des Gesamteinkommens, der auf den einzelnen Arzt entfällt – das wäre das arithmetische Mittel –, oder das Einkommen, das genau in der Mitte liegt. Das wäre der Median.

Denksportexkurs: Arithmetisches Mittel und Median als Lösung eines Minimierungsproblems

Arithmetisches Mittel und Median sind nicht umsonst als Durchschnitt so beliebt. Zwar haben sie, wie wir im nächsten Kapitel sehen werden, einen ganzen Stall von Konkurrenten, aber von einigen speziellen Anwendungen abgesehen hat sich keiner davon in der Praxis durchgesetzt.

Ein Grund könnte sein, daß beide nicht nur einfach zu berechnen, sondern in gewissem Sinn auch optimale Mittelwerte sind. Beide minimieren, jeweils in einem ganz bestimmten Sinn, die Abweichungen aller Werte von ihrem Mittelwert. So gilt z.B. das folgende bekannte Resultat:

> Keine andere Zahl hat eine kleinere Summe absoluter Abweichungen von vorgegebenen Ausgangsdaten als deren Median.

Dieser Satz, der auch für mehrdeutige Mediane gilt, ist leicht zu beweisen. Dazu betrachten wir zunächst eine Zahl links des Medians (bzw. falls der Median mehrdeutig ist, links vom linkesten Median). Diese Zahl hat dann per Konstruktion mehr rechte als linke Nachbarn, d.h. durch Bewegung nach rechts in Richtung des Medians nimmt die Summe ihrer absoluten Abweichungen von den Ausgangsdaten ab. Analog nimmt für jede Zahl rechts des Medians die Summe der absoluten Abweichungen durch Linksbewegung ab. Daraus folgt aber, daß die Summe der absoluten Abweichungen, sobald wir den Median erreicht haben, nicht mehr kleiner werden kann, und damit für den Median zwangsläufig minimal sein muß.

Analog rechtfertigen wir auch das arithmetische Mittel. Hier gilt:

> Keine andere Zahl hat eine kleinere Summe quadrierter Abweichungen von vorgegebenen Ausgangsdaten als deren arithmetisches Mittel.

Auch dieser Satz ist mit einer kleinen Anleihe aus der Schulmathematik leicht zu beweisen. Dazu muß man sich nur erinnern, wie man quadratische Funktionen minimiert, und die Summe der quadrierten Abweichungen als Funktion des arithmetischen Mittels schreiben. Die Details sparen wir uns hier.

Literatur

Der faszinierende Zusammenhang zwischen »Sex Appeal« auf der einen und Durchschnitt auf der anderen Seite ist in zahlreichen wissenschaftlichen Abhandlungen im Detail untersucht worden. Eine Zusammenfassung dieser Literatur inklusive verschiedener eigener Beiträge liefern die amerikanischen Psychologinnen Judith Longlois und Lori Roggmann in ihrem Artikel »Attractive faces are only average« in *Psychological Science* 1, 1990, S. 115-121. Unter anderem berichten die beiden darin von Experimenten mit synthetischen, aus vielen einzelnen »echten« Porträts per Durchschnittsbildung zusammengesetzten Kunstgesichtern, die von Versuchspersonen, die nicht wußten, welche Gesichter künstlich waren und welche nicht, nach Attraktivität zu sortieren waren. In fast allen Fällen schnitten dabei die Kunstgesichter besser ab, und zwar um so besser, je mehr Komponenten in den Durchschnitt eingegangen waren. Diese Art der Schönheitsmessung hat sich inzwischen zu einer regelrechten Industrie entwickelt, siehe auch D. Perrett et al.: »Facial shape and judgements of female attractiveness,« *Nature* 368, 1994, S. 239-242; Karl Grammer und R. Thornhill: »Human facial attractiveness and sexual selection: the roles of averageness and symmetry«, *Journal of Comparative Psychology* 108, 1994, S. 233-242; oder die Internet-Adresse *http://evolution.humb.univie.ac.at/institutes/urbanethology/beauty/beauty.html.*

Mehr über »Durchschnittliches im menschlichen Alltag« ist auch in dem unterhaltsamen Aufsatz »Mittelwerte – eine grundlegende mathematische Idee« von Heinrich Winter nachzulesen *(Mathematik Lehren,* Februar 1985, S. 4-14). Auch verschiedene andere Aufsätze in diesem Heft widmen sich auf lockere Weise dem Thema »Mittelwert«, unter anderem mit einem einfachen Beweis, daß das arithmetische Mittel die Summe der quadrierten Abweichungen minimiert, oder einfachen Computerprogrammen zur Medianberechnung.

Für Profis schließlich gibt es ganze Schrankwände voller Bücher zur Technik, Axiomatik und Stochastik von Mittelwerten, die uns für die Zwecke dieses Buches aber nicht zu interessieren brauchen. Wer wirklich in diese Materie tiefer einsteigen will, beginnt am besten mit dem Buch *Means and their inequalities* von Bullen, Mitrinovic und Vasic (Dordrecht 1988).

3. Mehr über Mittelwerte

Angenommen, wir kaufen für 1 000 Mark eine Aktie. Nach einem Jahr steigt der Kurs auf 1 200 Mark, nach zwei Jahren auf 1 500 Mark, und im dritten Jahr fällt er wieder auf 1 000 Mark ab. Zinsen oder Dividenden sind nicht angefallen. Gesucht ist die mittlere jährliche Rendite dieses Wertpapiers.

»Nichts einfacher als das«, versetzt unser Finanzberater. »Die jährlichen Renditen sind: Im ersten Jahr +20 Prozent, im zweiten Jahr +25 Prozent, im dritten Jahr −33,33 Prozent, macht im Durchschnitt

$$\frac{20\% + 25\% - 33,33\%}{3} = +3,74\%!«$$

Da staunen wir nicht schlecht. Nach drei Jahren werden 1 000 Mark genau wieder zu 1 000 Mark, aber die durchschnittliche Rendite ist +3,74 Prozent. Hier ist ganz offensichtlich etwas faul.

Leider hilft auch der Median hier nicht weiter, denn der beträgt in unserem Beispiel sogar +20 Prozent, und ist damit sogar noch weiter von der Wirklichkeit entfernt.

Der »wahre« Durchschnitt der Wachstumsraten in unserem Beispiel ist ganz offensichtlich Null. Wenn der Kurs am

Ende genau da wieder ankommt, wo er hergekommen ist, ist er im Durchschnitt um 0 Prozent gewachsen, ganz gleich was arithmetisches Mittel und Median auch immer dazu sagen mögen. Beide sind damit für solche Fälle unbrauchbar – eine neue Art von Durchschnitt ist gefragt.

Die folgenden Seiten stellen also verschiedene Durchschnitte vor, die in solchen Fällen den Median und das arithmetische Mittel ersetzen, die man aber im normalen Datenalltag fast nie braucht. Sie können also von eiligen Lesern gefahrlos überschlagen werden. Allenfalls den Abschnitt über das gewogene arithmetische Mittel sollte man kurz überfliegen, weil dieser Mittelwert für Indexzahlen später wichtig ist.

Das geometrische Mittel

Das geometrische Mittel zweier Zahlen ist die positive Wurzel ihres Produkts. Das geometrische Mittel von 1 und 2 ist also $\sqrt{2} = 1,41$ und das geometrische Mittel von 1 und 100 ist $\sqrt{100} = 10$. Als erste Anwendung stellen wir uns einen Bauherrn mit einem rechteckigen Grundstück vor, der mit dem Zuschnitt seines Grundstücks nicht zufrieden ist. Er hätte lieber ein quadratisches. Wie lang muß dann, falls die gesamte Fläche sich nicht verändern darf, die Seite des quadratischen Grundstücks sein?

Wie man sich leicht klarmacht, ist die Seitenlänge des Quadrats gerade das geometrische Mittel der Rechteckseiten, und dieses Prinzip läßt sich auch auf höherdimensionale geometrische Gebilde und auf drei, vier und mehr Zahlen übertragen, indem man statt der zweiten die dritte, vierte,

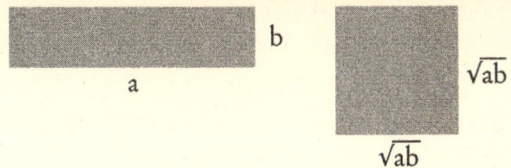

$\sqrt{ab}$

$\sqrt{ab}$

Quadrat und Rechteck mit gleicher Fläche. Die Seitenlänge des
Quadrats ist das geometrische Mittel der Rechteckseiten

fünfte usw. Wurzel des Produktes zieht. Das geometrische
Mittel von 2, 4, 5, 6 und 10 beträgt z.B.

$$\sqrt[5]{2 \times 4 \times 5 \times 6 \times 10} = \sqrt[5]{2400} = 4,7429,$$

und allgemein ist das geometrische Mittel von n positiven
Zahlen $x_1, \ldots, x_n$, gegeben als

$$\overline{x}_g = \sqrt[n]{x_1 \times x_2 \times \ldots \times x_n}.$$

Für negative Zahlen ist das geometrische Mittel nicht definiert.

Die wichtigste Anwendung des geometrischen Mittels
sind durchschnittliche »Wachstumsfaktoren«. Diese sind definiert als »neuer Wert geteilt durch alter Wert« und betragen
in unserem Wertpapier-Beispiel:

$$\frac{1200}{1000} = 1,20, \quad \frac{1500}{1200} = 1,25 \quad \text{und} \quad \frac{1000}{1500} = 0,667.$$

Wachstumsfaktoren sind immer um 1 größer als die zugehörigen Wachstumsraten. Anders als Wachstumsraten sind
sie aber niemals negativ, so daß man sie problemlos geome-
trisch mitteln kann. Für unser Wertpapier liefert das einen
mittleren Wachstumsfaktor von

$$\sqrt[3]{1{,}2 \times 1{,}25 \times 0{,}667} = \sqrt[3]{1{,}00} = 1,$$

d.h. unser Papier ist im Mittel um 0% gewachsen, so wie wir das auch ohne alle Mathematik schon vorher wußten. Was nämlich für »normale« Wachstumsfaktoren gilt, daß die zugehörige Wachstumsrate um genau 1 kleiner ist, gilt natürlich für *durchschnittliche* Wachstumsfaktoren auch: Die zugehörige Wachstumsrate erhalten wir durch Subtraktion einer 1. In unserem Beispiel liefert das $1 - 1 = 0$, genau der Wert, den man auch erwarten sollte.

Der korrekte Durchschnitt von n Wachstumsraten r_1, $r_2, \ldots, r_n$ lautet demnach allgemein:

$$\bar{r} = \sqrt[n]{(1+r_1)(1+r_2) \ldots (1+r_n)} - 1.$$

Er garantiert, daß ein mit dieser Rate konstant wachsender Anfangswert in der letzten Periode exakt mit dem tatsächlich realisierten Wert zusammenfällt. Läßt man dagegen den Anfangswert mit dem arithmetischen Mittel der individuellen Wachstumsraten wachsen, so schießen wir in der letzten Periode über den tatsächlich realisierten Wert hinaus.

Das ist nicht nur in unserem Beispiel vom Anfang dieses Kapitels der Fall, sondern immer: Das arithmetische Mittel weist zu hohe durchschnittliche Wachstumsraten aus, wobei der Überschuß um so größer wird, je mehr die einzelnen Wachstumsraten voneinander abweichen. Nur wenn alle Wachstumsraten übereinstimmen, stimmen auch das arithmetische und das geometrische Mittel überein.

Das harmonische Mittel

Das arithmetische Mittel und der Median versagen nicht nur bei Wachstumsraten. Ein anderes Beispiel sind Geschwindigkeiten. Angenommen, ein Zug fährt mit 120 km/h von Köln nach Hamburg und mit 60 km/h von Hamburg nach Köln zurück. Gesucht ist seine mittlere Geschwindigkeit über die gesamte Strecke, hin und zurück.

Das arithmetische Mittel von 90 km/h macht hier leider keinen Sinn (und der Median genausowenig). Angenommen, die Strecke ist 600 km lang. Dann braucht der Zug für die Hinfahrt fünf Stunden und für die Rückfahrt 10 Stunden, zusammen also 15 Stunden. In dieser Zeit legt er zweimal 600 km = 1 200 km zurück, was nach Adam Riese einem Durchschnitt von 1 200/15 = 80 km/h entspricht – 10 km/h weniger als das arithmetische Mittel von 90 km/h.

Diese wahre mittlere Geschwindigkeit von 80 km/h können wir auch noch auf eine zweite Weise ausrechnen, nämlich als das sogenannte harmonische Mittel von 60 km/h und 120 km/h. Darunter versteht man den Kehrwert des arithmetischen Mittels der Kehrwerte, in unserem Beispiel also

$$\frac{1}{\dfrac{\dfrac{1}{120} + \dfrac{1}{60}}{2}} = \frac{1}{\dfrac{3}{240}} = 80.$$

Wie schon beim geometrischen Mittel sind auch beim harmonischen Mittel nur positive Daten zugelassen.

Seinen Namen hat das harmonische Mittel aus der Musik. Wie jeder Gitarren- oder Geigenspieler weiß, kann man durch geeignetes Verkürzen einer Saite aus ein und demselben Grundton die verschiedensten Obertöne erzeugen. Verkürzt man die Saite etwa auf die Hälfte, klingt der Ton um genau eine Oktav heller. Verkürzt man die Saite dagegen nur auf einen Anteil zwischen ½ und 1, so liegt der neue Ton irgendwo dazwischen. Bei einer Verkürzung auf das harmonische Mittel von ½ und 1 – wie man leicht im Kopf nachrechnet, ist das ⅔ – erhält man eine Quint, und bei einer Verkürzung auf das harmonische Mittel von ⅔ und 1 – d.h. auf ⅘ – erhält man eine Terz, und die Evolution hat es gewollt, daß der Gleichklang dieser Töne von unserem Gehör als äußerst angenehm empfunden wird.

Das gewogene arithmetische Mittel

Die neben dem Median wohl wichtigste Alternative zum »gewöhnlichen« arithmetischen Mittel, mit zahlreichen Anwendungen, etwa bei Preis- und Aktienindices, auf die wir weiter unten noch detailliert zu sprechen kommen, ist das »gewogene« oder »gewichtete« arithmetische Mittel. Das gewogene arithmetische Mittel von n Zahlen $x_1 \ldots x_n$ ist definiert als

$$\overline{x}^g = g_1 x_1 + g_2 x_2 + \ldots + g_n x_n.$$

Es unterscheidet sich vom gewöhnlichen oder ungewogenen arithmetischen Mittel durch die freie Wahl der Faktoren oder »Gewichte« $g_1, g_2, \ldots, g_n$ vor den Werten $x_1, \ldots, x_n$. Beim gewöhnlichen arithmetischen Mittel haben alle diese Gewichte den gleichen Wert $1/n$; beim gewogenen arithmetischen Mittel dürfen sie verschieden sein. Wir verlangen nur – um widersinnige Durchschnitte zu vermeiden, die etwa größer sind als der größte Wert oder kleiner als der kleinste Wert –, daß sie nicht negativ sein dürfen und als Summe 1 ergeben müssen:

$$g_1 + g_2 + \ldots + g_n = 1.$$

Davon abgesehen erlaubt das gewogene arithmetische Mittel eine Betonung einflußreicher Daten und die Reduktion des Einflusses weniger wichtiger Daten auf den Mittelwert. Angenommen etwa, wir hätten den mittleren Anstieg unserer laufenden Autokosten zu bestimmen, bestehend aus den Ausgaben für Benzin (Anstieg um 50 Prozent) und für Motoröl (Anstieg um 10 Prozent). Ganz offensichtlich liefert hier das gewöhnliche arithmetische Mittel von 50 Prozent und 10 Prozent (also 30 Prozent) ein schiefes Bild, weil wir weit mehr Geld für Benzin als für Motoröl ausgeben. Bei einem Ausgabenanteil von sagen wir $9/10$ für Benzin und $1/10$ für Öl bietet sich statt dessen ein gewogenes Mittel mit den Gewichten $9/10$ und $1/10$ an:

$$\overline{x}^g = \left(\frac{9}{10}\right) \times 50 + \left(\frac{1}{10}\right) \times 10 = 46.$$

Durch die Betonung der Benzinkosten kommt die »mittlere« Teuerung der Wahrheit jetzt weit näher. Auf diese Problematik kommen wir in dem Kapitel zum Preisindex noch ausführlich zurück.

Die »korrekten« Gewichte beim gewichteten arithmetischen Mittel sind von Fall zu Fall verschieden. Sie richten sich allein nach dem Zweck, für den der Mittelwert benötigt wird, und eine allgemeine Regel gibt es nicht.

Denksportexkurs: Die Ungleichung zwischen arithmetischem und geometrischem Mittel

Bei den geometrischen Mittelwerten in den obigen Beispielen fällt auf, daß alle kleiner als das jeweilige arithmetische Mittel sind: Das geometrische Mittel von 1 und 2, d.h. $\sqrt{2} = 1,41$, ist kleiner als das arithmetische Mittel 1,5; das geometrische Mittel von 1 und 100, also 10, ist kleiner als das arithmetische Mittel 50,5; und auch für die Zahlen 2, 4, 5, 6 und 10 ist das geometrische Mittel 4,7429 kleiner als das arithmetische Mittel 5,4.

Das ist kein Zufall. Wir sind hier im Gegenteil einer der berühmtesten Ungleichungen der gesamten Mathematik auf der Spur. Sie ist schon den alten Griechen aufgefallen und besagt, daß das geometrische Mittel von n positiven Zahlen immer kleiner als das entsprechende arithmetische Mittel ist. Nur wenn alle Ausgangsdaten gleich sind, stimmen beide Mittelwerte überein. In allen anderen Fällen liegt das geometrische Mittel mehr oder weniger unterhalb des arithmetischen.

Das geometrische Mittel von n positiven Zahlen ist immer kleiner als das arithmetische Mittel. Nur wenn alle Zahlen identisch sind, stimmen beide Mittelwerte überein.

Dieser Sachverhalt hat über Jahrhunderte die Mathematiker zu immer neuen Beweisen herausgefordert. Einen sehr einfachen Beweis für den Spezialfall n = 2 kann jeder Leser leicht selbst nachvollziehen. Dazu ist nur zu zeigen, daß für zwei beliebige positive Zahlen x_1 und x_2 immer

$$\sqrt{x_1 \times x_2} \leqq \frac{x_1 + x_2}{2}$$

gelten muß, und diese Ungleichung ist sehr leicht abzuleiten, wenn man einmal den Ausdruck $(x_1 - x_2)^2$ ausführlich hinschreibt und dabei beachtet, daß das Quadrat einer reellen Zahl nicht negativ sein kann. Die weiteren Details überlasse ich als kleine Herausforderung allen Lesern, die gerne etwas tüfteln. Schwer ist es nicht.

Und wer dann immer noch Lust hat weiterzutüfteln, kann dann als nächstes zeigen, daß das geometrische Mittel zwar immer kleiner als das arithmetische, aber größer als das harmonische Mittel ist.

4. Konzentration und Streuung

Mittelwerte sind nicht alles. Wer mit der linken Hand in den Eisschrank und mit der rechten Hand in den Ofen greift, fühlt sich, auch wenn ein alter Statistikerwitz etwas anderes behauptet, kaum sehr wohl – ganz offensichtlich ist der Durchschnitt ohne Zusatzinfo hier nur wenig wert; er schweigt sich zum Abstand der Hitze- bzw. Kältegrade völlig aus: Wie weit streuen unsere Daten um den Mittelwert? Drängen sie sich eng um ihn herum, oder sind sie weit von ihm entfernt? Dazu bleibt der Durchschnitt selbst völlig stumm.

Von vielen Daten, nicht nur von den Temperaturen in Eisfach und Backofen, wollen wir aber neben dem mittleren Wert auch noch die Streuung wissen. Sie gehört zu einem ordentlichen Mittelwert dazu wie der Gürtel zur Hose oder die Klingel zum Fahrrad, und wie ein Fahrrad ohne Klingel kann auch ein Durchschnitt ohne Streuungsmaß oft sehr gefährlich sein.

Bleiben wir einen Augenblick bei warm und kalt und betrachten als Beispiel die Lufttemperatur in Celsius morgens, mittags und abends an zwei Orten A und B. Das arithmetische Mittel der Temperaturen, nämlich 10, ist in beiden Fällen gleich. Trotzdem ist das Wetter sehr verschieden: In A braucht man morgens einen warmen Mantel und mittags einen Sonnenschirm, in B reicht ein Pullover für den ganzen Tag:

A: 1, 21, 8
B: 7, 14, 9

Ein erstes Maß für die Streuung unserer Daten, das sich hier sofort anbietet, ist die Differenz zwischen größtem und kleinstem Wert, auch Spannweite genannt. Sie hat in A den Wert 20 und in B den Wert 7 und ist damit in B viel kleiner als in A.

Leider ist diese Spannweite für viele Zwecke aber viel zu grob. Erstens ignoriert sie alle Werte zwischen den Extremen und zweitens hängt sie auch noch empfindlich von Ausreißern ab. Betrachten wir etwa die folgenden Zehnerserien von Frau X und Herrn Y beim Bowling-Spiel:

Frau X: 4, 8, 9, 9, 4, 5, 9, 4, 9, 4
Herr Y: 10, 10, 10, 10, 9, 10, 10, 10, 10, 0

Hier würde wohl jeder sagen, daß Herr Y beständiger und besser kegelt als Frau X. Wegen eines einzigen Ausreißers am Schluß, etwa weil auf der Nachbarbahn gerade jemand einen dummen Witz erzählt, ist die Spannweite seiner Ergebnisse aber doppelt so groß wie bei Frau X, nämlich 10 im Vergleich zu 5. Daher wird die Spannweite nur selten als Streuungsmaß benutzt.

Um diese Abhängigkeit von Ausreißern etwas einzudämmen, schneidet man oft die 25 Prozent größten und die 25 Prozent kleinsten Daten ab. Die Extremwerte dieser so beschnittenen Daten heißen auch »Quartile«, und die Spannweite der so beschnittenen Daten wird auch »Quartilsabstand« genannt.

Standardabweichung und Varianz

Das bekannteste Maß für die Streuung ist aber die »Standardabweichung« bzw. die damit eng zusammenhängende »Varianz«. Sie beruht auf der Überlegung, daß man die Streuung von Daten am besten durch ihren mittleren Abstand von einem geeigneten Durchschnitt messen kann. Als Durchschnitt nimmt man hier das arithmetische Mittel, und als Abstand das Quadrat der Differenz: $(x_i - \overline{x})^2$. Damit ist die Varianz von für n Zahlen $x_1, \ldots, x_n$ allgemein gegeben als

$$s^2 = \frac{(x_1 - \overline{x})^2 + (x_2 - \overline{x})^2 + \ldots + (x_n - \overline{x})^2}{n},$$

wobei $\overline{x}$ wie gehabt das arithmetische Mittel der $x_1, x_2 \ldots, x_n$ bezeichnen soll. Mit anderen Worten, die Varianz ist das arithmetische Mittel der quadrierten Abweichung der Ausgangsdaten von ihrem Mittelwert, und heißt deshalb auch »mittlere quadratische Abweichung«.

Dummerweise firmiert auch noch eine andere, von der obigen leicht verschiedene Größe unter »Varianz«, nämlich die Summe der quadrierten Abweichungen, geteilt durch n-1 statt n. Man kann zeigen, daß man so im Fall einer Stichprobe eine bessere Schätzung für die Varianz der größeren Datenmenge erhält, aus der die Stichprobe gezogen ist. Dergleichen Feinheiten brauchen uns hier aber nicht zu kümmern.

Die Varianz der Temperaturen in A beträgt somit

$$\frac{(1 - 10)^2 + (21 - 10)^2 + (8 - 10)^2}{3} = \frac{81 + 121 + 4}{3} = \frac{206}{3} = 68{,}67.$$

Die Varianz der Temperaturen in B dagegen ist

$$\frac{(7-10)^2 + (14-10)^2 + (9-10)^2}{3} = \frac{9+16+1}{3} = \frac{26}{3} = 8,67$$

und damit weitaus kleiner.

Analog, nur etwas mühsamer, berechnen wir auch die Varianzen der Kegelresultate. Für Frau X erhält man 5,45 und für Herrn Y erhält man 8,89 – der Ausreißer am Schluß rächt sich also immer noch.

Alle diese Varianzen bleiben bei Addition einer Konstanten zu den Ausgangsdaten gleich. Wenn wir etwa die Temperaturen statt von 0 Grad Celsius vom absoluten Nullpunkt –273 Grad Celsius aus messen, erhalten wir in A: 274, 294, 281 und in B: 280, 287, 282. Alle Werte sind um 273 aufgestockt, aber die Varianzen, nämlich 68,67 und 8,67, bleiben gleich, wie jeder Zweifler leicht nachrechnen kann. Das ist sehr nett von der Varianz.

Weniger schön, sogar recht irritierend ist dagegen ihr Verhalten, wenn wir alle Ausgangsdaten mit dem gleichen Faktor *multiplizieren*, etwa indem wir Temperaturen statt in Celsius in Fahrenheit messen (d.h. Celsius-Grade mal $\frac{9}{5}$, plus 32). Das ergibt in A Fahrenheit-Temperaturen von 33,8, 69,8 und 46,4, mit einer Varianz von 222,49, die mit der Celsius-Varianz von 68,67 (scheinbar) nichts gemeinsam hat.

Bei näherem Hinsehen entdeckt man aber doch einen Zusammenhang, nämlich

$$222,49 = \left(\tfrac{9}{5}\right)^2 \times 68,67,$$

und diese Regel gilt allgemein: Bei Multiplikation aller Ausgangsdaten mit dem gleichen Faktor a ändert sich die Varianz um den Faktor a^2. Wenn wir also alle Ausgangsdaten sagen wir verdoppeln, verdoppelt sich auch der Abstand zwischen ihnen, und deshalb, so sollte man meinen, müßte sich auch ein vernünftiges Maß der Streuung verdoppeln. Diesen Gefallen tut uns die Varianz aber nicht, denn sie ist danach nicht doppelt, sondern viermal so groß. Daher mißt man die Streuung statt durch die Varianz lieber durch die Wurzel aus der Varianz, alias »Standardabweichung«. Diese Standardabweichung ist das bekannteste und wichtigste Maß für die Streuung überhaupt. Für die Celsius-Temperaturen in A beträgt sie $\sqrt{68,67} = 8,29$. Die Standardabweichung derselben Temperaturen in Fahrenheit ist $\sqrt{222,49} = 14,92$ – genau $\frac{9}{5}$ mal die Standardabweichung in Celsius, wie wir das von einem vernünftigen Streuungsmaß verlangen dürfen.

Wie die Varianz bleibt die Standardabweichung bei der Addition oder Subtraktion einer Konstanten zu den Ausgangsdaten unverändert. Wenn wir dagegen alle Ausgangsdaten mit ein- und derselben positiven Konstanten a multiplizieren, multipliziert sich auch die Standardabweichung mit dem gleichen Faktor a.

Die Standardabweichung ist die Wurzel aus der mittleren quadratischen Abweichung der Daten von ihrem arithmetischen Mittel. Sie bleibt bei der Addition einer Konstanten zu den Ausgangsdaten unverändert und ändert sich bei Multiplikation aller Ausgangsdaten mit einem positivenFaktor a um den gleichen Faktor a.

Ein weiterer Grund für die Popularität der Standardabweichung ist, daß sie oft nützliche Informationen über die Verteilung der Daten liefert. Wie man nämlich zeigen kann, liegen bei großen, annähernd »normalverteilten« Datenmengen (wie bei den BMW-Renditen aus Kapitel 1) rund $\frac{2}{3}$ aller Werte weniger als eine Standardabweichung vom arithmetischen

Mittel entfernt. Wenn wir also hören, die durchschnittliche Körpergröße eines erwachsenen männlichen Bundesbürgers betrage sagen wir 180 Zentimeter mit einer Standardabweichung von 4 Zentimeter, so wissen wir dann außerdem, daß rund zwei Drittel aller erwachsenen Männer zwischen 176 und 184 Zentimeter messen.

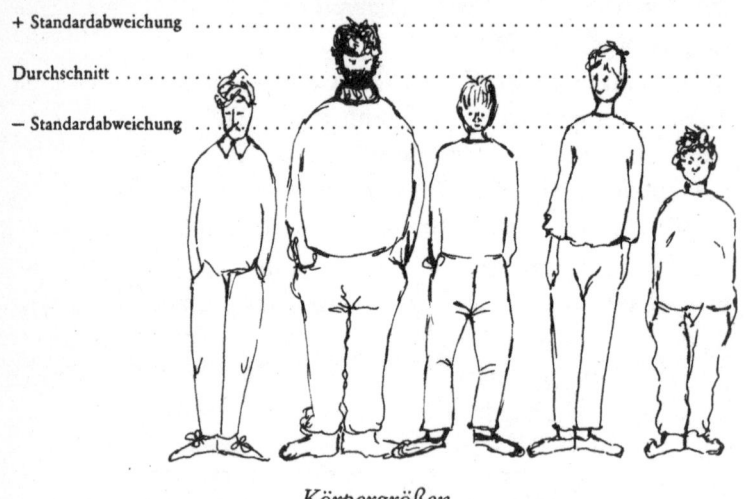

Körpergrößen

Alternative Streuungsmaße

Wer bis hierher mitgelesen und vielleicht mit dem einen oder anderen eigenen Beispiel den Formeln etwas Leben eingeblasen hat, ist für den Datenalltag gut gerüstet; mehr braucht man im allgemeinen über Streuung nicht zu wissen. Die folgenden Seiten gehen einigen Erweiterungen und Spezialproblemen nach, die im allgemeinen nur Experten interessieren, und können gefahrlos überschlagen werden.

Die erste dieser Erweiterungen betrifft alternative Streuungsmaße. Statt der quadrierten kann man nämlich auch andere Abweichungen vom arithmetischen Mittelwert wie etwa die absoluten betrachten. Das arithmetische Mittel dieser absoluten Abweichungen heißt dann »Mittlere Absolute Abweichung«. Oder man berechnet Abweichungen von anderen Mittelwerten, wie die früher gern verwendete mittlere absolute Abweichung vom Median. Oder man verzichtet überhaupt auf einen Bezugspunkt und gründet das Streuungsmaß auf die Differenzen der Daten untereinander, statt von irgendeinem Mittelwert.

Das wichtigste Maß aus dieser letzten Gruppe ist die »Mittlere Absolute Differenz«, definiert als die Summe der absoluten Differenzen aller möglichen Wertepaare voneinander, geteilt durch die Zahl der Wertepaare. Alle diese Streuungsmaße haben die gleichen angenehmen Eigenschaften wie die Standardabweichung: Sie bleiben bei der Addition einer Konstanten gleich und machen die Multiplikation mit einer Konstanten spiegelbildlich mit.

Die Lorenzkurve und der Gini-Koeffizient

Trotz aller positiven Eigenschaften sind alle diese Maße jedoch auf einem Auge völlig blind: Sie sehen zwar die Streuung, aber nicht die Ungleichheit. Obwohl diese Begriffe im Alltag oft das gleiche meinen, ist ihre exakte Bedeutung doch verschieden. Am besten wird dieser Unterschied an einem Beispiel klar: In einem Dorf gibt es drei Bauern, der erste mit einer Kuh, der zweite mit zwei Kühen und der dritte mit sieben. Wie groß ist dann die Ungleichheit beim Kuhbesitz?

Leider ist ein Streuungsmaß wie die Standardabweichung als Maß der Ungleichheit hier kaum geeignet. Sie hat in unserem Beispiel den Wert 2,62, aber diese Zahl sagt uns nichts über die Ungleichheit. Das sehen wir sofort, wenn die EG jedem Bauern 30 zusätzliche Kühe schenkt. Dann hat der erste Bauer 31 Kühe, der zweite 32, und der dritte 37, und die Ungleichheit hat nach dem üblichen Verständnis von Gerechtigkeit und Fairness *abgenommen*. Trotzdem rührt sich die Standardabweichung nicht vom Fleck (und andere Streuungsmaße genausowenig) – sie behält ihren alten Wert von 2,62. Mit anderen Worten, »normale« Streuungsmaße kümmern sich wenig um Fairness und Gerechtigkeit.

Deshalb sehen wir uns nun die Daten aus einer neuen Perspektive an und fragen: »Welcher Anteil der Summe entfällt auf den Ärmsten oder Kleinsten, welcher Anteil auf die zwei Ärmsten oder Kleinsten, welcher Anteil auf die drei Ärmsten oder Kleinsten etc.« Ganz offensichtlich sagen diese Anteile noch am meisten über Gerechtigkeit und Fairness aus. Vor der EG-Aktion z.B. hatten: der ärmste Bauer 10 Prozent der Kühe, die zwei ärmsten zusammen 30 Prozent, und alle zusammen 100 Prozent. Nach der EG-Aktion haben: der ärmste Bauer 31 Prozent aller Kühe, die zwei ärmsten zusammen 63 Prozent, und alle drei zusammen wieder 100 Prozent. Da sich diese 100 Prozent aber jetzt gleichmäßiger auf die drei Bauern verteilen, ist die Ungleichheit zurückgegangen. Darüber herrscht wohl allseits Einigkeit. Die Frage ist: Wie diesen Rückgang messen?

Ganz offensichtlich macht es zunächst für die Ungleichheiten keinen Unterschied, ob wir 10 Kühe auf drei Bauern nach dem Schema 1,2,7 oder 20 Kühe auf 6 Bauern nach dem Schema 1,1,2,2,7,7 verteilen: in jedem Fall haben die ärmsten 33,3 Prozent der Bauern 10 Prozent der Kühe, und nur auf diese Prozente kommt es an. Sie bilden in unserem Beispiel die folgenden Paare:

vorher: (0%, 0%), (33,3%, 10%), (66,6%, 30%), (100%, 100%).
nachher: (0%, 0%), (33,3%, 31%), (66,6%, 63%), (100%, 100%).

An erster Stelle steht dabei immer der Prozentsatz der so-und-soviel ärmsten Merkmalsträger, an zweiter Stelle deren Anteil an der Merkmalssumme.

Diese Punkte, in ein rechtwinkliges Koordinatensystem übertragen und mit Geraden verknüpft, heißen *Lorenzkurve* (nach dem amerikanischen Statistiker Max Otto Lorenz, 1876-1959, der diese Graphik zu Beginn des Jahrhunderts vorgeschlagen hat). In unserem Beispiel nehmen die beiden Lorenzkurven für den Viehbestand den folgenden Verlauf:

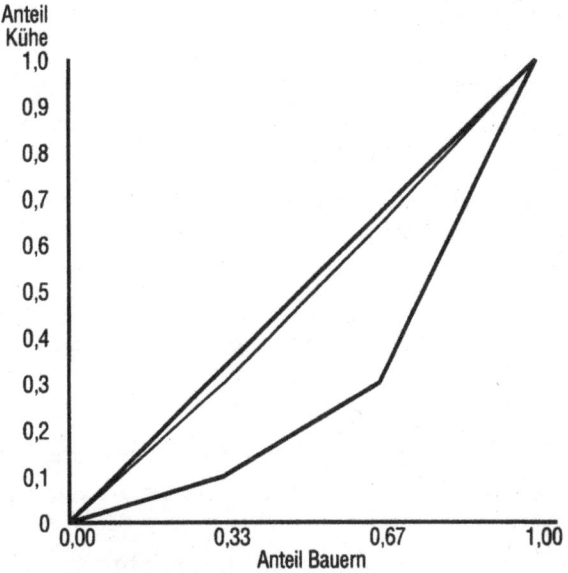

Lorenzkurven des Viehbestands

Wir sehen: Je gleichmäßiger die Verteilung, desto gerader die Lorenzkurve, desto enger schmiegt sie sich der 45°-Linie an, die durch die Punkte (0,0) und (1,1) verläuft. Im Extremfall, daß jeder den gleichen Anteil an der Summe hat, stimmt die Lorenzkurve mit der 45°-Linie (der Linie völliger Gleichheit) überein.

Auf der anderen Seite biegt sich die Lorenzkurve um so stärker von der Linie völliger Gleichheit weg, je mehr der Summe auf relativ wenige Besitzer entfällt. Im Extremfall, daß einer alles hat, verläuft die Lorenzkurve am Anfang sogar völlig waagerecht. Mit anderen Worten, die Ungleichheit ist um so kleiner, je näher die Lorenzkurve der 45°-Linie kommt, und die Ungleichheit ist um so größer, je weiter sich die Lorenzkurve von der 45°-Linie entfernt.

Als Maß für die Ungleichheit bietet sich daher die Fläche (oft auch »Konzentrationsfläche« genannt) zwischen der Lorenzkurve und der Linie völliger Gleichheit an. Sie ist 0 bei totaler Gleichheit und fast ½ bei extremer Ungleichheit. Das zweifache dieser Fläche schwankt demnach zwischen den Werten 0 und 1 und heißt auch *Gini-Koeffizient* (nach dem italienischen Statistiker Corrado Gini, 1884-1965).

Der Gini-Koeffizient ist das bei weitem populärste Maß für Ungleichheit. In unserem Beispiel hat er die Werte 0,4 (vor der EG-Aktion) und 0,04 (danach), d.h. die Ungleichheit nach Gini hat durch die Schenkung wie erwartet abgenommen.

Statt über die Konzentrationsfläche kann man den Gini-Koeffizienten auch über die Mittlere Absolute Differenz berechnen. Es existiert nämlich die verblüffende Querverbindung

$$\text{Gini-Koeff.} = \frac{\text{Mittl. Abs. Diff.}}{2 \times \bar{x},},$$

wie jeder Zweifler an einem Beispiel leicht überprüfen kann. Solche Tüfteleien bei der praktischen Berechnung des Gini-Koeffizienten sollen uns hier aber nicht weiter interessieren.

Überlegungen wie bei der gerechten Verteilung unserer Kühe sind immer dann sinnvoll, wenn die Summe eines Merkmals von Interesse ist, wie bei Umsatz, Fläche oder Grundbesitz, und ganz besonders bei Vermögen und Einkommen. Wieviel Prozent des Volksvermögens, wieviel Prozent des Volkseinkommens entfallen auf die reichsten 10 Prozent? Wieviel auf die ärmsten 10 Prozent, und welcher Anteil entfällt auf die Bevölkerung diesseits und jenseits des Medians? All das ist aus der Lorenzkurve sofort abzulesen.

Die folgende Lorenzkurve zeigt die Einkommensverteilung in der alten Bundesrepublik. Wir lesen daraus etwa ab, daß die untere Hälfte der Einkommensempfänger zusammen rund ein Viertel und die obere Hälfte drei Viertel des Volkseinkommens bezieht, oder daß die oberen 10 Prozent 25 Prozent aller Einkommen auf sich vereinen.

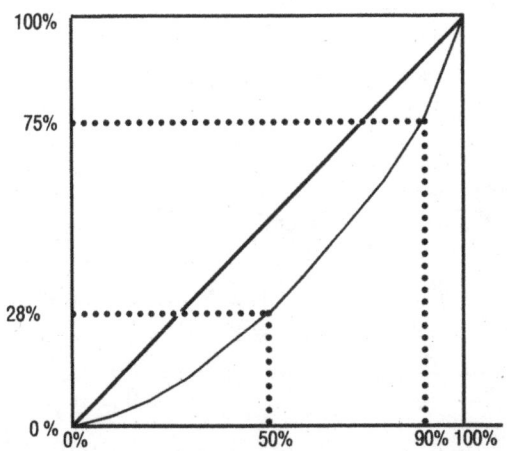

Lorenzkurve der Einkommensverteilung in der alten Bundesrepublik

Aus dieser Lorenzkurve errechnet sich ein Gini-Koeffizient von 0,32. Das ist im internationalen Vergleich eher moderat. Die folgende Tabelle zeigt die entsprechenden Koeffizienten für einige weitere Länder dieser Welt.

Land	Gini-Koeffizient
Schweden	0,205
VR China	0,239
Polen	0,243
Norwegen	0,243
Ungarn	0,244
BR Deutschland	0,317
USA	0,326
Korea	0,360
Indien	0,478
Kolumbien	0,564
Brasilien	0,577

Ungleichheit des Einkommens in ausgewählten Ländern

Obwohl mit den Erwartungen der meisten Leser vermutlich durchaus kompatibel, sind diese Zahlen aber nur cum grano salis zu genießen. So macht es etwa einen großen Unterschied, ob man die Einkommen pro Haushalt oder die Einkommen pro Person (oder pro erwachsene Person) betrachtet, oder wie man »Einkommen« überhaupt definiert. Hätte man zum Beispiel in Ungarn, China oder Polen die verschiedenen, im offiziellen Einkommen nicht enthaltenen Privilegien der Parteibonzen in geldwertes Einkommen umgerechnet, wäre die obige Statistik für diese Länder vermutlich nicht so freundlich ausgefallen.

Die wichtigste Vorsichtsregel bei solchen Statistiken ist jedoch, daß man Ungleichheit nicht mit Armut verwechseln darf. Wenn in Dorf A drei Bauern jeweils 10, 20 und 30 Kühe haben, so ist dort die Ungleichheit weit größer als in einem Dorf B mit ebenfalls drei Bauern, von denen jeder eine Kuh besitzt. Trotzdem möchte natürlich kein Bauer aus A mit einem Bauern aus B tauschen.

Denksportexkurs: Steuertarif und Ungleichheit

Wann ist ein Steuertarif gerecht? Nehmen wir die Einkommensteuer – eine der liebsten Einnahmequellen für den Staat, aber auch ein wichtiges Instrument der Umverteilung. Daher wird jedes Herumdoktern an dieser Steuer allseits argwöhnisch verfolgt.

Formal läßt sich ein Einkommensteuertarif als eine Funktion auffassen, die jedem steuerpflichtigen Einkommen x eine Steuerschuld $S(x)$ zuordnet. Wann nun ist ein solcher Tarif fair? Konkret: Wann reduziert ein solcher Tarif die Ungleichheit der Einkommen, unabhängig davon, wie die ursprüngliche Verteilung auch immer ausgesehen hat? Oder nochmals anders ausgedrückt: Wie muß die Steuerfunktion $S(x)$ beschaffen sein, damit für beliebige Bruttoeinkommen die Lorenzkurve der Nettoeinkommen immer oberhalb der Lorenzkurve der Bruttoeinkommen liegt? Denn dann nimmt die Ungleichheit, ganz gleich wie wir sie messen, immer ab. Hier gilt das folgende berühmte Resultat:

> Ein Steuertarif reduziert die Ungleichheit bei beliebigen Bruttoeinkommen genau dann, wenn er progressiv und anreizerhaltend ist.

Der wichtigste Punkt dieses Satzes ist, daß Progressivität des Steuertarifs allein zur Reduktion der Ungleichheit nicht ausreicht. Auch Anreizerhaltung wird dazu gebraucht. Eine Steuerfunktion $S(x)$ heißt dabei »progressiv«, wenn die Durchschnittssteuer $S(x)/x$ mit wachsendem x ebenfalls wächst, oder alternativ und äquivalent dazu: wenn die sogenannte Nettoquote $(x-S(x))/x$ mit wachsendem Einkommen fällt. Eine Steuerfunktion heißt »anreizerhaltend«, wenn ein größeres Bruttoeinkommen auch ein größeres Nettoeinkommen übrigläßt. Beides ist für den aktuellen Tarif in der Bundesrepublik erfüllt, d.h. wir können sicher sein, daß ganz gleich wie auch immer die Einkommensverteilung vor der Steuer war, sie hinterher an Gleichheit zugenommen hat.

Literatur

Die statistische Theorie der Ungleichheit wurde hier nur angerissen. Wer sich für praktische Probleme bei der Berechnung von Lorenzkurven interessiert, sollte zunächst einen Blick in den Aufsatz »The estimation of the Lorenz curve and Gini index« von Joseph Gastwirth werfen (*Review of Economics and Statistics* 1972, S. 306-316). Hier findet man insbesondere verschiedene Abschätzungen des Gini-Koeffizienten, wenn die Einkommen wie üblich nur in gruppierter Form vorliegen.

Einen guten Überblick der neueren Literatur erhält man auch in meinem eigenen Aufsatz »Measurement of inequality« in Ullah/Giles: Handbook of Applied Economic Statistics, New York 1998, oder in dem Aufsatz »Zur Sensitivität von Disparitätsmaßen« von Friedrich Schmid (*Allgemeines Statistisches Archiv* 1991, S. 155-167). Hier steht die Frage im Mittelpunkt, wie sich verschiedene Ungleichheitsmaße bei einer Umverteilung von reich auf arm verändern. Rein intuitiv sollte man erwarten, daß ein »vernünftiges« Ungleichheitsmaß um so stärker zurückgeht, je größer die Einkommensspanne zwischen Spender und Empfänger ist, aber längst nicht alle Maße richten sich danach. Zum Beispiel hat der Gini-Koeffizient die seltsame Eigenschaft, daß die Reduktion der Ungleichheit im Kielwasser eines Einkommenstransfers von reich auf arm vor allem davon abhängt, wie viele Personen dabei übersprungen worden sind.

Auch zur Problematik von Steuertarif und Ungleichheit gibt es eine umfangreiche Spezialliteratur, vor allem in finanzwissenschaftlichen Fachzeitschriften. Einen eleganten Beweis des obigen zentralen Satzes bringt der Aufsatz »Tax progression and inequality of income distribution« von Wolfgang Eichhorn, Helmut Funke und Wolfram Richter im *Journal of Mathematical Economics* 1984, S. 127-131. Auch über die Historie des Problems kann man sich dort schön informieren.

Zur Aufhellung des Unterschiedes zwischen Armut und Ungleichheit empfehle ich schließlich noch meine eigene Broschüre *Statistische Probleme bei der Armutsmessung,* Baden-Baden 1997.

5. Wachstumsraten

Wachstumsraten sind glitschige Geschöpfe. Sie lassen sich, wie wir gesehen haben, nur mühsam zu sinnvollen Mittelwerten kondensieren und entgleiten auch sonst leicht unserer Kontrolle. Alle Jahre wieder etwa ist zu hören und zu lesen, die deutschen Krankenkassen wollten ihre Beitragssätze heben, dieser Tage etwa, nach einer Meldung im Radio, »um 0,6 Prozent«.

Diese Meldung ist, wohlwollend betrachtet, mißverständlich und nach allgemeinem Sprachverständnis schlichtweg falsch. In Wahrheit steigen die Beitragssätze nämlich nicht um 0,6 Prozent, sondern um mehr als 4 Prozent, von rund 13 Prozent des Bruttoeinkommens auf 13,6 Prozent. Der Sprecher hatte offenbar Zuwächse und Zuwachs*raten* nicht getrennt, und das macht einen großen Unterschied.

Die gleiche Konfusion auch bei der 1989er Erhöhung der Versicherungssteuer von 5 auf 7 Prozent. Hier war der Unterschied zwischen falscher und wahrer Wachstumsrate sogar noch gravierender: Diese Anhebung der Steuer betrug nicht, wie immer wieder in den Medien zu hören und zu lesen, nur lächerliche 2 Prozent (die bezahlt man mit links aus der Portokasse), sondern stolze 40 Prozent!

Solche Verwechslungen sind besonders dann sehr häufig, wenn die Ausgangsdaten so wie oben selbst schon Prozente sind: 13,6 Prozent weniger 13,0 Prozent ergibt 0,6 Prozent. Da beißt die Maus keinen Faden ab. Aber 0,6 Prozent von was? Wenn wir im Radio hören, die Beitragssätze steigen um 0,6 Prozent, glauben wir natürlich, daß die neuen Sätze um 0,6 Prozent größer als die alten sind. Gemeint war aber, daß wir jetzt 0,6 Prozent *unseres Einkommens* mehr an die Kassen abführen müssen.

Um diese Konfusion bei Prozenten von Prozenten zu vermeiden, werden Differenzen von Prozenten oft in »Prozent*punkten*« ausgedrückt: 13,6 Prozent minus 13,0 Prozent ergibt damit 0,6 Prozent*punkte*. Wachstumsraten von Prozenten mißt man dagegen wie üblich wieder in Prozent: Das Wachstum um 0,6 Prozentpunkte entspricht einer Wachstums*rate* von $^{0,6}/_{13} = 0,046 = 4,6$ Prozent.

Wie man sich leicht überlegt, ist bei einer Basis kleiner als 100 das Wachstum in Punkten immer kleiner als das Wachstum in Prozent: Ein Anstieg von 50 auf 60 macht 10 Punkte, aber 20 Prozent, und ein Anstieg von 10 auf 15 macht nur 5 Punkte, aber 50 Prozent.

Bei Ausgangsbasen über 100 ist das Verhältnis umgekehrt: Wenn etwa der Preisindex für die Lebenshaltung von 110 auf 120 steigt, sind das 10 Prozentpunkte, aber nur $^{10}/_{110} = 0,091 = 9,1$ Prozent, und dieser Unterschied wird mit wachsender Basis immer größer.

Wer oder was wächst überhaupt?

Neben der Verwechslung von absoluten Zuwächsen und Wachstumsraten gibt es in unserem Krankenkassen-Beispiel noch eine weitere Quelle der Konfusion – das unterschiedliche Wachstum der Beitrags*sätze* und der Beiträge selbst. Die Beiträge selbst steigen nämlich nicht um 4,6, sondern um rund 10 Prozent! Angenommen z.B., wir hatten im letzten Jahr ein Bruttoeinkommen von 4 000 Mark im Monat. Bei einem Beitragssatz von 13 Prozent folgt daraus ein Beitrag von 520 Mark (die sogenannten Arbeitgeberbeiträge eingerechnet, die ja trotz des Etikettenschwindels letztlich auch der Arbeitnehmer zahlt). Bei einer durchschnittlichen Lohn- und Gehaltserhöhung von 5 Prozent verdienen wir aber jetzt nicht mehr 4 000, sondern 4 200 Mark, und 13,6 Prozent von 4 200 sind 571,20 – verglichen mit dem alten Beitrag von 520 Mark ein Anstieg um 9,8 Prozent.

Aber damit hört die Irreführung noch nicht auf. Schließlich machen tarifliche Lohn- und Gehaltszuschläge für die meisten von uns nur einen Teil des Mehreinkommens aus. Zusätzlich rücken wir durch Beförderung oder einfach nur durch das Älterwerden auch noch in höhere Tarife vor, so daß wir auch dann mehr verdienen würden, wenn der Tariflohn überhaupt nicht steigt. Bei einem Monatsgehalt von etwa 4 400 Mark sind 13,6 Prozent aber 598,40 DM – verglichen mit dem alten Beitrag ein Anstieg von 15,1 Prozent.

Wachstumsraten versus Wachstumsraten
von Wachstumsraten

Das Beispiel oben zeigt, wie wichtig bei Wachstumsraten die
korrekte Basis ist. Ohne sie sind wir allen möglichen Pro-
zent-Jongleuren hilflos ausgeliefert. Die größte Vorsicht ist
dabei geboten, wenn die Basisgrößen selbst schon Wachstumsraten sind.

Angenommen, ein Unternehmen erzielt in drei Jahren
folgende Umsätze:

$$100, 101, 104.$$

Dann sind die folgenden Meldungen alle wahr:

Umsatz um 2,97 Prozent gestiegen!
Umsatz um 4 Prozent gestiegen!
Umsatzwachstum um 197 Prozent fast explodiert!

Je nach Basis sind alle diese Zahlen richtig. Im letzten Jahr ist
der Umsatz um $3/101 = 0{,}0297 = 2{,}97$ Prozent, in den letzten
beiden Jahren um $4/100 = 4$ Prozent gestiegen. Und auch die
letzte Zahl ist völlig korrekt – bei einer Wachstumsrate von 1
Prozent im zweiten und 2,97 Prozent im dritten Jahr beträgt
das Wachstum der Wachstumsraten

$$\frac{2{,}97\% - 1\%}{1\%} = 1{,}97 = 197\%.$$

Bei solchen Wachstumsraten von Wachstumsraten heißt es
also aufgepaßt. Wenn wir etwa hören: »Inflationsrate von 5
Prozent auf 4 Prozent gefallen«, oder noch irreführender:
»Inflation um 20 Prozent gefallen«, so heißt das nicht, daß
die Preise niedriger geworden sind. Sie sind im Gegenteil
weiter angestiegen, wenn auch nicht ganz so schnell wie zu-

«Wie Sie sehen, geht es den Ölfirmen gar nicht so gut . . .»

vor. Gefallen sind allein die Wachstumsraten der Preise, nicht die Preise selbst.

Wer solche Datenquälereien mag, kann dieses Spiel sogar noch weiter treiben: Warum bei Wachstumsraten von Wachstumsraten aufhören, wenn es auch Wachstumsraten von Wachstumsraten von Wachstumsraten gibt! Ich habe durchaus schon Meldungen gelesen wie »Inflationsbeschleunigung gebremst«, hinter denen sich genau diese Perversität verbirgt. Wenn die Inflationsrate von 1 auf 2 auf 4 Prozent steigt, so beschleunigt sich die Inflation, die Preise wachsen immer schneller. Jedoch ist die Beschleunigung, d.h. das Wachstum der Geschwindigkeit, konstant. Steigen die Preise in der nächsten Periode »nur« um 6 Prozent, so hat die Beschleunigung abgenommen, die Wachstumsrate der Wachstumsrate der Wachstumsrate der Preise geht von 100 auf 50 Prozent zurück. Zwar steigen die Preise wie gehabt, und auch die Inflationsrate selbst nimmt weiter zu, aber die *Beschleunigung* der Inflation nimmt ab.

Solche Zahlen sind nur mit viel Aspirin zu ertragen. Oder noch besser: man ignoriert sie überhaupt.

Annualisierte Wachstumsraten

Die Basis ist die eine weiche Flanke von Wachstumsraten. Die andere ist die Zeiteinheit. Angenommen, eine Aktie wächst im Wert um 3 Prozent. Wenn wir nicht wissen, über welchen Zeitraum dieses Wachstum eingetreten ist, nützt uns diese Zahl so gut wie nichts: Pro Tag gerechnet ist 3 Prozent Wachstum eine Sensation, pro Monat nichts Ungewöhnliches und pro Jahr ein Grund, den Wertpapierberater zu entlassen. Mit anderen Worten, Wachstumsraten sind nur dann vergleichbar, wenn die Zeiteinheit dieselbe ist.

Die Standard-Zeiteinheit ist hier das Jahr. Wenn wir also hören, die Inflation betrage in Brasilien 120 Prozent und in Argentinien 90 Prozent, so heißt das in beiden Fällen: Prozent pro Jahr (es sei denn, eine andere Periode wird explizit genannt). Diese Konvention ist schon so eingefahren, daß man diese Standard-Einheit meistens gar nicht eigens nennt.

Probleme ergeben sich dabei nur, wenn die Ausgangsdaten, deren Wachstum wir bestimmen wollen, nicht genau ein Jahr auseinander liegen. Angenommen, in Land A steigen die Preise um 10 Prozent in einem Monat und in Land B um 30 Prozent in einem Quartal. Wo ist die Inflation größer?

Das Argument: »Ein Quartal ist 3 Monate, also sind 10 Prozent im Monat das gleiche wie 30 Prozent im Quartal«, ist leider falsch. Um das zu sehen, übersetzen wir beide Raten in »Prozent pro Jahr«, indem wir fragen: »Um wieviel würden die Preise bei konstanter Wachstumsrate *in einem Jahr* ansteigen?« Bei einem Monatswachstum von 10 Prozent und einem Ausgangsniveau der Preise von sagen wir 100 (das aber für das Ergebnis keine Rolle spielt) ergibt das:

Preisniveau nach 1 Monat: $100 + 10\% = 110 \quad = 100 \times 1{,}1$
Preisniveau nach 2 Monaten: $110 + 10\% = 121 \quad = 100 \times 1{,}1^2$
Preisniveau nach 3 Monaten: $121 + 10\% = 133{,}1 = 100 \times 1{,}1^3$
.
.
.

Preisniveau nach 12 Monaten: $100 \times 1{,}1^{12} = 313{,}84$

Mit anderen Worten, bei einer monatlichen Inflation von 10 Prozent steigen die Preise in einem Jahr um

$$\frac{313{,}84 - 100}{100} = 2{,}1384 = 213{,}84\%!$$

Die allgemeine Formel zum Umrechnen einer Monats-Wachstumsrate r_m in eine Jahres-Wachstumsrate r_j ist

$$r_j = (1 + r_m)^{12} - 1.$$

Viele rechnen statt dessen mit dem 12fachen der Monatsrate, aber das ist falsch, wie wir oben gesehen haben: Bei einer Monatsinflation von 10 Prozent ist die Jahresinflation nicht 120 Prozent, sondern 213 Prozent, und das ist ein großer Unterschied.

Die analoge Formel für das Umrechnen von Quartals-Wachstumsraten r_q auf Jahres-Wachstumsraten ist

$$r_j = (1 + r_q)^4 - 1.$$

Bei einer Quartalsinflation von 30 Prozent liefert sie eine Jahresinflation von $(1 + 0,30)^4 - 1 = 1,8561 = 185,61\%$ und entscheidet damit zugleich auch unsere Ausgangsfrage: Wenn die Preise in Land A um 10 Prozent im Monat steigen, dann ist die Inflation in A größer als in B.

Leider werden auch Quartals-Wachstumsraten oft falsch, nämlich durch Multiplikation mit 4, in Jahres-Raten umgerechnet. Dieser Fehler ist zwar bei kleinem Wachstum ebenfalls recht klein – ein Quartalswachstum von 1 Prozent ergibt nach obiger Formel ein Jahreswachstum von 4,06 Prozent und damit fast das gleiche wie $4 \times 1\% = 4\%$ –, aber strenggenommen ist diese Faustregel genauso falsch wie ihr Analogon bei Monatsdaten (und bei größerem Wachstum, etwa $> 3\%$, sogar völlig irreführend, wie wir oben gesehen haben).

Annualisierung versus Vergleich mit der gleichen Periode letztes Jahr

Angenommen, ein Preisindex (Details im nächsten Kapitel) zeigt binnen zweier Jahre den folgenden Verlauf:

Quartal								

	Jahr 1				Jahr 2			
Quartal	I	II	III	IV	I	II	III	IV
Index	100	102	104	107	108	109	110	112

Wie hoch ist dann die Inflation, d.h. die Wachstumsrate der Preise, in Quartal I von Jahr Nr. 2?

Isoliert für das Quartal gesehen ist der Index von 107 auf 108 gestiegen, d.h. die Quartals-Inflationsrate beträgt

$$\frac{108 - 107}{107} = 0,0093 = 0,93\%.$$

Nach unserer Umrechnungsformel ergibt das eine Jahresrate von $(1,0093)^4 - 1 = 0,038 = 3,8\%$, und so rechnet man auch oft, etwa in England oder in den USA, ein Quartalswachstum in Jahreswachstum um. Wenn wir in den Nachrichten hören, die amerikanischen Verbraucherpreise seien im letzten Quartal annualisiert um 6 Prozent gestiegen, so sind diese 6 Prozent genau auf diese Weise aus den Quartalsdaten entstanden.

In Deutschland und den meisten anderen europäischen Ländern verfährt man aber anders – man rechnet nicht Monats- oder Quartalswerte auf Jahreswerte hoch, sondern vergleicht die aktuelle Periode mit der gleichen Periode des Vorjahres. In unserem Beispiel ist der Preisindex in dieser Zeit von 100 auf 108 oder um 8 Prozent gestiegen, und diese Zahl, nicht die annualisierten 3,8 Prozent, hören wir dann im Radio.

Trotz völlig identischer Preise haben wir damit eine Jahresinflation von einmal 3,8 Prozent und einmal 8 Prozent. Das ist weder Manipulation noch Hexerei, sondern eine Folge der Differenz der Meßvorschrift, wodurch diese Inflationsraten zwei völlig verschiedene Dinge messen. Die Übersee-Version beantwortet die Frage: »Wie groß wäre die jährliche Inflationsrate, wenn das Wachstum des letzten Quartals bzw. Monats für weitere drei Quartale bzw. weitere 11 Monate unverändert bliebe?« Die Kontinental-Version dagegen beantwortet die Frage: »Um wieviel sind die Preise im kompletten letzten Jahr tatsächlich angestiegen?«

Beide Methoden haben ihre Vor- und Nachteile. Die Übersee-Version ist näher am Puls der Zeit, aber auch anfälliger gegen Meßfehler aller Art, die durch das »Aufblasen« auf Jahresraten quasi mitvergrößert werden. Hätte etwa das Bureau of Labor Economics in Washington als Preisindex für das Quartal 2.I irrtümlich nicht 108, sondern 108,5 errechnet, wäre die annualisierte Inflationsrate nicht 3,8 Prozent, sondern

$$\left(1 + \frac{1,5}{107}\right)^4 - 1 = 0,057 = 5,7\%.$$

Damit haben kleine Korrekturen am Preisindex überdimensionale Konsequenzen für die Jahresinflation.

Bei der Kontinental-Version passiert das nicht. Bei einem Preisindex von 108,5 statt 108 hätten wir eine Inflation von 8,5 Prozent statt 8 Prozent – die Konsequenz ist längst nicht so dramatisch.

Auf der anderen Seite schleppt aber die Kontinental-Version eine Altlast längst verjährter Preise mit sich herum, welche die aktuelle Entwicklung oft kaschiert. In unserem Beispiel etwa hat sich die Inflation von Quartal 2.III auf Quartal 2.IV *beschleunigt:* In Quartalsraten ausgedrückt von $\frac{1}{109} = 0,92$ Prozent auf $\frac{2}{110} = 1,82$ Prozent, oder in annualisierten Raten von 3,73 Prozent auf 7,48 Prozent.

Beim Vergleich mit dem Vorjahres-Quartal werden diese Warnzeichen aber übersehen: Von Quartal 1.III auf Quartal 2.III steigen die Preise um $110 - 104 = 6$ Prozentpunkte oder um $\frac{6}{104} = 5,77$ Prozent, von Quartal 1.IV auf Quartal 2.IV um $112 - 107 = 5$ Prozentpunkte oder um $\frac{5}{107} = 4,67$ Prozent, so gesehen also nicht so schnell. Statt einer Warnung, wie sie den Realitäten angemessen wäre, vermittelt der so gemessene Preisanstieg also ganz im Gegenteil den Eindruck, die Inflation hätte an Dynamik *abgenommen!* Wegen solcher perverser »Basiseffekte« sind also annualisierte Wachstumsraten einem Vergleich mit der Vorjahresperiode meistens vorzuziehen.

6. Die Preise und der Preisindex

Im englischen Mittelalter wurden Diebe, die Waren im Wert von mehr als 12 Pence gestohlen hatten, ohne viel Federlesens aufgehängt. Das erschien vielen erwischten Dieben nicht gerecht. »Schließlich«, so wurde immer häufiger von den Opfern dieses brutalen Gesetzes argumentiert, »sind 12 Pence heute viel weniger wert als damals, als das Gesetz erlassen wurde.« Die Preise seien im Laufe der Jahrhunderte stark gestiegen, Waren und Dienstleistungen, die seinerzeit 12 Pence gekostet hätten, kosteten jetzt 20 oder 30 Pence. Deshalb wäre gerechterweise auch das Gesetz zu ändern (in moderner Sprache: eine Inflationsklausel in die Todesstrafe einzubauen).

Leider kannte man aber im Mittelalter noch keinen Preisindex, und so wurden auch kleine Diebe weiter aufgehängt.

Der Preisindex nach Laspeyres

Die weltweit populärste Indexformel ist das geistige Kind des Geheimen Hofrates Dr. Ernst Louis Etienne Laspeyres (gesprochen Laspähr, von Puristen auch portugiesisch Laspaires, weil die Vorfahren des Geheimen Hofrates von dort über Frankreich nach Deutschland gekommen sind), Professor für Volkswirtschaftslehre an der Universität zu Dorpat, später Gießen, der sie vor rund 120 Jahren zum ersten Mal auf Güterpreise im Hamburger Hafen angewendet hat. Am besten wird sie an einem kleinen Beispiel klar, etwa eines Konsumenten, der nur Brot und Butter ißt. Angenommen, dieser Mensch verbraucht pro Woche 2 Kilo Brot und 1 Pfund Butter, das Brot zu 4 Mark das Kilo und die Butter zu 5 Mark das Pfund. Ein Jahr später kostet Brot 5 Mark das Kilo und Butter 10 Mark das Pfund. Um wieviel sind die Preise im Durchschnitt gestiegen?

Wenn man so fragt, ist die Antwort eigentlich verblüffend einfach: Unser Brot- und Butteresser kauft zuerst für 8 Mark Brot und für 5 Mark Butter, macht zusammen 13 Mark. Später kosten die gleichen Waren 20 Mark (10 Mark für 2 Kilo Brot und 10 Mark für 1 Pfund Butter). Mit anderen Worten, wir haben

$$\frac{\text{Ausgaben jetzt}}{\text{Ausgaben früher}} = \frac{20}{13} = 1,538 = 153,8\%,$$

und das ist auch schon der berühmte Preisindex nach Laspeyres. Dahinter versteckt sich nichts anderes als der Quotient der hypothetischen Ausgaben, die wir bei unverändertem Warenkorb heute hätten, geteilt durch die tatsächlichen

Ausgaben der »Basisperiode«, mit der wir uns vergleichen wollen. Zuerst kosten Brot und Butter zusammen 13 Mark. In der Vergleichsperiode ein Jahr später – oft auch »Berichtsperiode« genannt – hätten die gleichen Mengen 20 Mark gekostet. Das liefert einen Quotienten von 1,538 oder 153,8 Prozent, d.h. die Preise sind nach Laspeyres um 53,8 Prozent gestiegen.

Oft wird dieser Quotient auch gleich von Anfang an in Prozenten ausgedrückt. Dann ist die obige Formel noch mit 100 malzunehmen.

Der Preisindex nach Laspeyres zeigt an, wieviel der Warenkorb der Basisperiode in der Berichtsperiode kostet. Er ist der Quotient der hypothetischen Gesamtausgaben der Berichtsperiode durch die tatsächlichen Gesamtausgaben der Basisperiode.

Ernst Louis Etienne Laspeyres, 1834-1913

Der Laspeyres-Index als arithmetisches Mittel der individuellen Preisänderungen

So wie hier abgeleitet, beantwortet der Preisindex nach Laspeyres die Frage: »Wieviel würde der Warenkorb der Basisperiode heute kosten?« Er vergleicht also zwei verschiedene Budgets, die tatsächlichen Gesamtausgaben der Basisperiode und die hypothetischen Gesamtausgaben der Berichtsperiode, die wir hätten, wäre der Warenkorb nur gleich geblieben. Von den individuellen Preisänderungen der einzelnen Güter, aus denen sich der Warenkorb zusammensetzt, ist dabei zunächst keine Rede.

In unserem Beispiel ist Brot von 4 auf 5 Mark, also um 25 Prozent und Butter von 5 auf 10 Mark, also um 100 Prozent gestiegen. Die »mittlere« Preissteigerung liegt also irgendwo zwischen 25 Prozent und 100 Prozent.

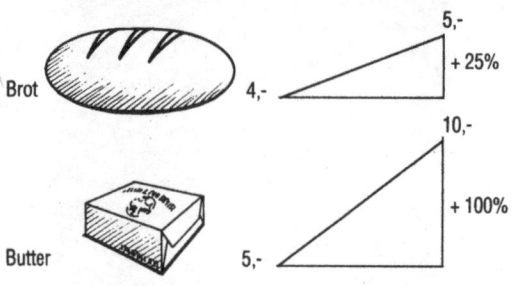

Brot und Butter

Das einfache arithmetische Mittel von 25 Prozent und 100 Prozent ist 62,5 Prozent, etwas übertrieben: da wir mehr Geld für Brot als für Butter ausgeben, und der Brotpreis weniger gestiegen ist, sollte auch der durchschnittliche Preisanstieg näher am Preisanstieg des Brotes liegen; wir wollen einen »Durchschnitt«, der näher bei 25 Prozent als bei 100 Prozent liegt.

Und einen solchen Durchschnitt kennen wir bereits. Wie wir aus dem Kapitel über Mittelwerte wissen, gibt es neben dem einfachen oder ungewogenen arithmetischen Mittel auch noch gewogene arithmetische Mittelwerte, bei denen wir die Ausgangsdaten unterschiedlich stark gewichten. »Gewichten« heißt dabei, daß alle Ausgangswerte, bevor wir sie addieren, mit geeigneten Gewichten malzunehmen sind. Bei dem gewöhnlichen arithmetischen Mittel, das wir ja als ein ganz spezielles gewichtetes Mittel interpretieren können, sind alle diese Gewichte gleich: sie stimmen mit der Zahl »Eins geteilt durch Zahl der Werte« überein. Beim gewichteten arithmetischen Mittel dagegen dürfen die Gewichte differieren, solange sie nur positiv bleiben und als Summe 1 ergeben.

In unserem Beispiel bieten sich auch gleich geeignete Gewichte an, nämlich die Anteile der Ausgaben für Brot und Butter in der Basisperiode: 8 von 13 Mark für Brot und 5 von 13 Mark für Butter, macht ein Gewicht von $\frac{8}{13}$ für Brot und $\frac{5}{13}$ für Butter und ein gewogenes arithmetisches Mittel von

$$\frac{8}{13} \times 25\,\% \; + \; \frac{5}{13} \times 100\,\% = 53,8\,\%.$$

Das ist aber exakt der Preisanstieg, den wir auch über die Indexformel nach Laspeyres berechnet haben!

Das ist nicht nur hier in diesem Beispiel, sondern immer so. Der Anstieg der Gesamtausgaben für den Warenkorb der Basisperiode stimmt *immer* mit dem gewogenen arithmetischen Mittel der einzelnen Preissteigerungen überein, mit Gewichten, die gerade den Ausgabeanteilen für die einzelnen Güter in der Basisperiode entsprechen. Das ist für Leute, die gerne mit Formeln hantieren, auch gar nicht schwer zu sehen, und ein weiterer Grund, neben der einleuchtenden Definition über die Gesamtausgaben, für die weite Verbreitung des Index von Laspeyres.

Der Preisindex für die Lebenshaltung

So wie in diesem einfachen Beispiel berechnen unsere Amtsstatistiker in Wiesbaden im Prinzip auch jeden Monat den berühmten Preisindex für die Lebenshaltung. Davor sind allerdings noch verschiedene Stolpersteine aus dem Weg zu räumen.

Der größte ist der Warenkorb. Angenommen zum Beispiel, wir wollen wissen, wie stark die Preise für Konsumgüter von 1910 bis heute durchschnittlich gestiegen sind. Das sind mehr als 80 Jahre Differenz, und wir sehen auch sofort, wo hier der Hund begraben liegt: was geht uns heute ein Warenkorb, und wenn er noch so typisch war, aus Kaiser Wilhelms Zeiten an! Damals verbrauchte ein typischer Arbeitnehmer-Haushalt beispielsweise pro Monat: 35 Kilo Graubrot zu 34 Pfennig das Kilo, 35 Kilo Kartoffeln zu 8 Pfennig das Kilo, 53 Liter Milch zu 22 Pfennig der Liter, 1¼ Kilo Schweineschmalz zu 1,81 Mark das Kilo, 1¼ Kilo Malzkaffee zu 60 Pfennig das Kilo, 2½ Zentner oberbayrische Würfelkohle zu 1,62 Mark der Zentner und 1½ Kilo Kernseife zu 0,64 Mark das Kilo. Dazu kamen noch 6 Kinobesuche und 2 Visiten im städtischen Wannenbad, 20 Stundenlöhne für eine »Putzerin« à 35 Pfennig, zweimal Haareschneiden für den Herrn für jeweils 50 Pfennig, einmal Schuhe besohlen für 3,50 Mark und ein Monatsabonnement der lokalen Tageszeitung für eine Mark, neben Ausgaben für Kleidung (45 Mark im Monat), Miete (46 Mark) und verschiedene andere Artikel des täglichen Bedarfs. Nach der Formel von Laspeyres hätten wir nun diesen Warenkorb mit aktuellen Preisen zu bewerten, und fertig wäre unser Preisindex.

Ganz offensichtlich macht das aber keinen Sinn. Denn wer verbrennt heute noch Würfelkohle! Eine »Putzerin« hat heute auch fast niemand mehr, und Schweineschmalz, Kernseife und Malzkaffee kennen viele nur noch aus dem Lexikon. Statt dessen kaufen wir jetzt Tiefkühlkost und Fertigpizza, Staubsauger und Rasenmäher, Autos, Fernseher und Waschmaschinen, alles Dinge, die es damals noch nicht gab. Was der typische Warenkorb unserer Urgroßeltern also heute kosten würde, ist allenfalls als Frage für Trivial Pursuit geeignet. Die »wahre« Teuerung sieht anders aus.

Wir könnten nun die Antwort suchen auf die Frage: »Was hätte der *heutige* Warenkorb im Jahr 1910 gekostet?« Das Ergebnis wäre der sogenannte Preisindex nach Paasche, der auf den deutschen Statistiker Hermann Paasche (1851-1922) zurückgeht und auf dem gleichen Prinzip wie der Index von Laspeyres basiert: Die tatsächlich realisierten Gesamtausgaben einer Periode – diesmal der Berichtsperiode – werden bei konstanten Mengen zu den hypothetischen Ausgaben einer anderen Periode ins Verhältnis gesetzt. Bei Laspeyres stehen die hypothetischen Ausgaben im Zähler, bei Paasche stehen die hypothetischen Ausgaben im Nenner, aber das Prinzip ist in beiden Fällen gleich: geteilt werden in beiden Fällen die Ausgaben der Berichtsperiode durch die Ausgaben der Basisperiode, mit dem Unterschied, daß beim Index von Laspeyres die Ausgaben der Berichtsperiode und beim Index von Paasche die Ausgaben der Basisperiode rein hypothetisch sind.

Leider hilft aber auch diese Idee in unserem Fall nicht weiter, weil es zu Kaiser Wilhelms Zeiten viele moderne Konsumgüter noch nicht gab. Daher macht es auch keinen Sinn zu fragen, was sie damals gekostet hätten. Unser moderner Warenkorb mit Fertigpizza und PC war 1910 zu größten Teilen völlig unbekannt, und deshalb hilft uns auch die Paasche-Indexformel hier nicht weiter.

Als Kompromiß hält das Statistische Bundesamt an der Laspeyres-Formel fest, wechselt aber alle 5 bis 10 Jahre das Basisjahr und den Basis-Warenkorb. Bei der vorläufig letzten Umbasierung 1991 etwa wurden Güter wie Diarahmen, Pflanzenschutzmittel, Blitzlichtwürfel oder Gas für Feuerzeuge aus dem Warenkorb herausgeworfen. Herein kamen statt dessen Blumenerde, Einwegfeuerzeuge, PC-Disketten oder Mikrowellenherde. Bei anderen Gütern wurde nur ein Austausch von Vettern und Verwandten vorgenommen wie Heizkissen gegen Heizdecke, Damenpelzmantel gegen Damenwollmantel, oder Joghurt ohne gegen Joghurt mit Fruchtzusatz, um nur einige dieser Tauschaktionen aufzuzählen.

Was gehört in den Warenkorb?

Der aktuelle Warenkorb für unseren offiziellen »Preisindex für die Lebenshaltung aller privaten Haushalte« enthält 744 Waren und Dienstleistungen, von Roastbeef über frische Schweineleber, Bockwurst in Dosen, Hering, Mainzer Käse, Semmelbrötchen, Flaschenbier und Suppenwürze, Ketchup, Kiwis, deutscher Bienenhonig, von Hemdblusen, Bademänteln, Büstenhaltern oder Tennisschuhen, von Kühlschränken, Eßbestecken oder Taschenlampen, von Bahnfahrkarten, Telefongebühren oder Hundefutter bis zu Kleinanzeigen in der Zeitung oder einen Trauerkranz für letzte Grüße – es gibt keinen Aspekt unseres Konsumentendaseins, der nicht in diesem Warenkorb vertreten ist.

Das Dumme ist nur: Es gibt keinen Haushalt, der alle diese Dinge und nur diese Dinge kauft. Die meisten Menschen mögen keine frische Schweineleber. Andere essen keinen Fisch, spielen Volleyball statt Tennis oder trinken Whisky und nicht Bier. Einen Junggesellen geht normalerweise der Preis für einen Büstenhalter, einen Eigenheimbesitzer das Mietniveau nur wenig an. Katzenfreunden ist der Hundefutterpreis egal, und einen Kranz zur Beerdigung brauchen wir glücklicherweise auch nicht alle Tage. Kurzum, der »typische« Warenkorb ist für die meisten Menschen so typisch wie die typische Frisur – eigentlich bräuchte jeder von uns seinen eigenen privaten Preisindex!

Und genauso ist es auch. Der offizielle Preisindex für die Lebenshaltung aller privaten Haushalte ist strenggenommen ein Widerspruch in sich, denn er trifft für keinen einzigen privaten Haushalt wirklich völlig zu. Das einzige, was wir erhoffen dürfen, ist, daß die darin versammelten Güter und Preise sich nicht allzusehr von unserem eigenen Verbrauchsmuster unterscheiden. Denn sonst muß der amtliche Preisindex durchaus kein Indikator unserer eigenen Kosten sein.

Mitte der 80er Jahre etwa stiegen die Preise in Westdeutschland ungewöhnlich langsam. Von 1985 auf 1986 fielen sie wegen sinkender Benzin- und Heizölpreise im Mittel sogar ab, denn durch das billige Benzin wurden Teuerungen anderswo, etwa bei Mieten und Textilien, mehr als ausgeglichen. Ein zur Miete wohnender Rentner ohne PKW hatte davon aber nichts; für ihn kostete das Leben 1986 nicht weniger als 1985, wie der allgemeine Preisindex behauptet, sondern mehr.

Auf der anderen Seite dagegen fielen die Kosten der Lebenshaltung für Leute, die viel Auto fahren, von 1985 auf 1986 sogar weit stärker als der Index glauben macht. Statt einer Deflation von 0,2 Prozent wie im Index fielen die Preise für eine Familie mit zwei Autos und Ölheizung im eigenen Haus um 4 bis 5 Prozent im Jahr. Ein einziger Preisindex für alle ist also der gleiche Unsinn wie eine einzige Schuhgröße für alle, und strenggenommen illegal.

Um hier zumindest teilweise abzuhelfen, berechnet das Statistische Bundesamt neben dem Preisindex für die Lebenshaltung *aller* privaten Haushalte noch besondere Preisindices für Rentner, Großverdiener, Kleinverdiener, Ossies, Wessies, und für minderjährige Kinder (inzwischen eingestellt; dieser Index diente früher zur Anpassung von Alimenten). Diese speziellen Indices repräsentieren ihre jeweiligen Zielgruppen dann etwas besser als der allgemeine Preisindex, aber das grundsätzliche Dilemma, daß ein amtlicher Preisindex für niemanden hundertprozentig paßt und passen kann, bleibt weiterhin bestehen.

Die Erfassung der Preise

Zwischen dem 10. und 15. jeden Monats schwärmen Tausende fleißiger Statistiker mit Bleistift und Notizblock in die Kaufhäuser, Boutiquen und Supermärkte unseres Landes aus, um die aktuellen Preise der 744 Güter ihres Warenkorbes festzustellen. Auch das klingt leichter als es wirklich ist, denn selbst hier lauern noch verschiedene Fallen, die eine wahrheitsgetreue Erfassung des Preisgeschehens verhindern und einen Index völlig ruinieren können.

Einer der 744 Posten ist z.B. »Friseurleistungen für Damen«. Er kostete laut der Fachserie 17: »Preise« des Statistischen Bundesamtes Anfang 1998 genau 93 Mark und 60 Pfennig. Wie aber alle Frauen, die diese Zeilen lesen, mühelos bestätigen werden, kann man für eine »Friseurleistung« leicht das Doppelte und Dreifache, aber auch weniger bezahlen. Wie können wir also verhindern, daß der Preisindex für die Lebenshaltung in der Bundesrepublik nur deshalb steigt, weil eine Mitarbeiterin beim Statistischen Landesamt den Friseur gewechselt hat?

Die Antwort ist: Sie darf eben den Friseur nicht wechseln. Um solche »künstlichen« Preisänderungen auszuschalten, sind die Preisermittler angehalten, ihren Lieferanten möglichst treu zu bleiben: der gleiche Friseur, der gleiche Bäcker, der gleiche Schuster, immerzu der gleiche Lieferant. Vermutlich wären manche dieser Anbieter nicht wenig stolz, wenn sie wüßten, welchen Einfluß ihre Preisgestaltung für die ganze Republik besitzt.

Natürlich werden für die meisten Indexpositionen Dutzende bis Hunderte von Einzelpreisen abgefragt, so daß der Einfluß eines einzigen Anbieters in der Vielzahl seiner Konkurrenten etwas untergeht.

Auch die Marken sind möglichst nicht zu wechseln. Bei dem Indexposten »Rotwein, ausländisch« z.B. gibt es von italienischen Chemie-Produkten für 2 Mark die Flasche bis zum Château Lafite zu 200 Mark die verschiedensten Qualitäten, so daß man sich das Chaos in der Preisstatistik ausrechnen kann, wenn einen Monat die eine und im nächsten Monat die andere Flasche im Warenkorb erschiene.

Für die meisten Indexpositionen wird daher unter allen möglichen Qualitäten ein sogenannter Preisrepräsentant bestimmt. Die Position 36 heißt z.B. nicht »1 Liter Milch«, sondern: »1 Liter frische Vollmilch, in standfester Packung, mit 3,5 Prozent Fettgehalt«, und die Position 174 »Damen-Kostüm« heißt ausführlich: »Damen-Kostüm, reine Schurwolle (IWS), Kammgarn oder Tweed, ganz auf Taft gefüttert, klassische Form mit Varianten entsprechend der Mode, gute Verarbeitung, Größe 42«. Die Preise dieser Güter werden dann an die Landesämter gemeldet, dort gemittelt (und eventuell für einen regionalen Index ausgewertet), dann nach Wiesbaden gemeldet, dort nochmals gemittelt und dann in die Formel für den Laspeyres-Index des ganzen Landes eingesetzt.

So schmückte etwa unser Damen-Kostüm aus reiner Schurwolle den republikweiten Index im Februar 1998 mit 423 Mark. Der Liter frische Vollmilch in standfester Packung kostete DM 1,35, und genauso kommen auch alle anderen Positionen des Warenkorbes nur über einen genau spezifizierten Repräsentanten und dessen Bundes-Durchschnittspreis in den Preisindex hinein.

Literatur

Wer sich nicht an der englischen Sprache stört und gerne einmal die Historie der Indexzahlen zurückverfolgen möchte, findet in dem Aufsatz von M.G. Kendall, »Studies in the history of probability and statistics, XXI. The early history of index numbers«, zahlreiche weitere Quellen und Verweise. Der Aufsatz ist zunächst im *Review of the International Statistical Institute* 1969 und dann nochmals in Band 2 des von M.G. Kendall und R.L. Plackett herausgegebenen Sammelwerkes *Studies in the history of statistics and probability* erschienen (Bristol 1977).

Der Geheime Hofrat Laspeyres hat seinen berühmten Index, vermutlich ohne zu ahnen, welche Wellen diese Formel schlagen würde, in dem Aufsatz »Die Berechnung einer mittleren Warenpreissteigerung« in den *Jahrbüchern für Nationalökonomie und Statistik 1871* vorgestellt (dort auch unveränderter Nachdruck 1982, zusammen mit einer kurzen Biographie). Die Probleme schließlich, mit denen sich unsere amtliche Preisstatistik herumzuschlagen hat, werden sehr schön in den Einleitungen der entsprechenden Statistiken selbst oder auch in dem Aufsatz »Aus der Praxis der Berechnung von Preisindizes« von S. Guckes, *Allgemeines Statistisches Archiv* 1979, vorgestellt.

7. Mehr über Indexzahlen

Im letzten Kapitel haben wir gesehen, wie man prinzipiell einen Preisindex berechnet. Dieses Kapitel geht auf einige Spezial-Aspekte von Indexzahlen näher ein; es ist als Extraservice für Tüftler und Profis aller Art gedacht, die gerne etwas tiefer graben möchten als bis zu Lebenshaltungskosten und der Indexformel von Laspeyres. Denn wie wir schon im letzten Kapitel gesehen haben, steht der Preisindex für die Lebenshaltung unter den amtlichen Indexziffern nicht allein. Einige engere Verwandte kennen wir bereits. Darüber hinaus berechnen unsere fleißigen Datensammler in Wiesbaden auch noch eigene Indices für sogenannte Erzeugerpreise (Getreide, Schlachtvieh, gewerbliche Produkte etc.), Bauwerke, Bauland, Importe, Exporte, Seefrachten, Postgebühren und weiß Gott nicht alles. Strenggenommen dürfte also von »der« Inflation und »der« Geldentwertung keine Rede sein, denn je nach Index erhält man dafür etwas anderes. Einem Bauherrn auf der Suche nach einem Grundstück ist z.B. der »Preisindex für die Frachtsätze der Binnenschifffahrt« völlig gleich – er ist vor allem am Preisindex für Bauland interessiert. Eine Import-Export-Firma dagegen sieht vor allem auf die Außenhandelspreise und kann die »Erzeu-

gerpreise für landwirtschaftliche Produkte« gefahrlos igno-
rieren. Diese Mehrdeutigkeiten sollte man sich also stets vor
Augen halten, wenn von »den« Preisen oder von »der« Inflation die Rede ist.

Internationale Preisvergleiche

Von allen zusätzlichen amtlichen Preis-Indexzahlen sind die
»Verbrauchergeldparitäten« bzw. »Preisindices für die Lebenshaltung im Ausland« für den Durchschnittsbürger noch
am wichtigsten. Denn die Deutschen reisen gern, und wer
möchte dabei nicht gern wissen, wieviel seine oder ihre Mark
im Ausland gilt? Die folgende Tabelle zeigt einmal, was
dabei im Durchschnitt des Jahres 1997 für einige Länder
herausgekommen ist:

Ausgewählte internationale Preisvergleiche

Japan (Tokyo)	177,7
Norwegen (Oslo)	136,2
Dänemark (Kopenhagen)	130,3
England (London)	124,1
Schweden (Stockholm)	122,0
Schweiz	120,3
Österreich	112,9
Irland	108,08
USA (Washington)	108,4
Frankreich (Paris)	101,3
Italien (Rom)	93,3
Spanien (Madrid)	77,2
Türkei	71,6

Die Daten in dieser Tabelle sind mit der gleichen Methode entstanden, die wir aus dem letzten Kapitel kennen: Ein fester Warenkorb wird mit zwei verschiedenen Sätzen von Preisen bewertet, dann wird der Quotient der Gesamtausgaben berechnet (und in obigem Beispiel zwecks leichterer Berechnung von Prozenten noch mit 100 multipliziert), wobei die Bundesrepublik den Part der Basisperiode übernimmt. Als einziger Unterschied zum »normalen« Preisindex für die Lebenshaltung werden jetzt nicht zwei Zeitpunkte, sondern zwei Orte verglichen, ansonsten ist die Mechanik wie auch die Problematik der Indexrechnung völlig gleich.

In normalem Deutsch sagt die Tabelle oben also folgendes: Für ein und denselben Warenkorb müssen wir in Tokyo 77,7 Prozent mehr, in Oslo 36,6 Prozent mehr, in Kopenhagen 30,3 Prozent mehr, in London 24,1 Prozent mehr, in der Schweiz 20,3 Prozent mehr usw. bezahlen als zu Hause, jeweils in deutscher Mark (bzw. demnächst in Euro). In der Türkei, in Spanien und Italien lebt man dagegen billiger als in der Bundesrepublik.

Ein Spezialproblem bei internationalen Preisvergleichen, das beim »normalen« Preisindex nicht existiert, ist der Wechselkurs. Für die obigen Indexzahlen müssen wir nämlich erst unsere DM bzw. unseren Euro in lokale Währung tauschen. Bei einem »fairen« Wechselkurs würden wir dafür soviel lokales Geld bekommen, daß wir dafür genausoviel kaufen könnten wie daheim – der Index stünde für alle Länder auf genau 100 Prozent. Wechselkurse sind aber nicht fair, und so kostet ein und derselbe Warenkorb in dem einen Land weniger als zu Hause und in dem anderen mehr. Diese Kaufkraftgewinne und -verluste sind damit eng an die Wechselkurse angekettet und können sich genau wie die Wechselkurse in kurzer Zeit sehr drastisch ändern.

Ein weiteres, schon vom »normalen« Preisindex bekanntes Problem ist auch hier der Warenkorb. Denn da haben wir alle unsere eigenen Vorstellungen, so daß der Urlaubskonsum von Familie Müller nicht notwendig auch für Familie Meier wichtig ist. Um dieses Dilemma zumindest teilweise zu mildern, bieten die Statistiker auch hier spezielle Indices für spezielle Benutzergruppen an: Einen für Touristen – die sogenannten Reisegeldparitäten – und einen für Leute, die im Ausland *wohnen*, wie Diplomaten, Wissenschaftler, Lehrer an deutschen Schulen etc., die natürlich ganz andere Verbrauchsmuster als Touristen haben. Das grundsätzliche Problem jedoch, daß auch von diesen Zahlen keine jeden Einzelfall korrekt erfassen kann, bleibt wie bei allen anderen Indexzahlen auch hier bestehen.

Mengenindices

Genauso wie für Preise gibt es auch Indices für Mengen. Ein Beispiel ist der »Produktionsindex für das Produzierende Gewerbe« des Statistischen Bundesamtes, der die reine *Menge*, nicht die Preise von Industrieprodukten mißt und uns z.B. sagt, daß deutsche Wurst- und Fleischfabriken im Jahr 1996 insgesamt 6,3 Prozent mehr Bockwurst und Wiener eingetütet haben als 1991.

Mengenindices werden genauso berechnet wie Preisindices. Der Mengenindex nach Laspeyres z.B. ist

$$\frac{\text{Summe der Mengen der Berichtsperiode} \times \text{Preise der Basisperiode}}{\text{Gesamtausgaben der Basisperiode}}$$

Formal gesehen haben wir hier nur die Rolle der Preise und Mengen vertauscht. Im Nenner stehen wie beim Preisindex die Gesamtausgaben der Basisperiode 0. Im Zähler stehen aber jetzt statt der Preise die *Mengen* der Berichtsperiode 1, und genauso finden wir auch für andere Indexformeln zu jedem Preisindex einen analogen Mengenindex.

Aktienindices

Eine letzte, bisher noch nicht zu Wort gekommene große Gruppe von Indices widmet sich einer ganz speziellen Art von Preisen, nämlich Aktienkursen. Wer keine Aktien hat oder dem Börsengeschehen auch sonst eher kühl gegenübersteht, kann also die folgenden Seiten ohne Schaden überschlagen. Die Theorie der Aktienindices bringt nämlich im Prinzip nichts Neues, erfordert aber wegen diverser Besonderheiten des Aktienmarktes verschiedene formale Verrenkungen, so daß sich eine Lektüre nur für Börsenprofis lohnt.

Diese Verrenkungen machen wir uns am besten anhand des Dow-Jones-Index klar. Dieser weltweit wohl wichtigste Aktienindex hat nämlich mit einem Preisindex, wie wir ihn bisher kennen, auf den ersten Blick fast nichts gemein. Vermutlich hatte Charles Henry Dow, Mitinhaber und Geschäftsführer der Firma Dow, Jones & Company, als er eines Nachmittags im Mai 1896 die Kurse der 12 wichtigsten Industrieaktien von der großen Tafel des Börsensaals in der New Yorker Wall Street abschrieb und deren arithmetisches Mittel – 40 Dollar und 94 Cent – tags darauf in seinem Börsenblatt publizierte, auch nicht die geringste Ahnung,

daß mehr als 20 Jahre vorher ein deutscher Professor namens Laspeyres eine Formel für zeitliche Preisvergleiche
angegeben hatte. Jedenfalls rechnete er einfach nur das
arithmetische Mittel der Aktienkurse aus – und der »Dow
Jones Industrial Average« alias Dow-Jones-Index war geboren!

Charles Henry Dow, 1851-1902

Seit diesem Nachmittag im Mai und seit diesem ersten Wert
von 40,94 hat der Dow-Jones einiges erlebt. Während ich
diese Zeilen überarbeite, steht er bei rund 9 000 – ein Anstieg
seit 1896 um 20 000 Prozent. Er umfaßt auch nicht mehr
12 Werte wie im Jahr 1896, sondern 30, aber das Prinzip ist
immer noch das gleiche wie zu Zeiten Henry Dows: Heute

wie damals werden Kurse einfach aufaddiert, durch eine Zahl geteilt – und fertig ist der Preisindex.

Der Dow-Jones-Index ist im wesentlichen ein gewöhnliches arithmetisches Mittel von inzwischen 30 ausgewählten Aktienkursen.

Bei »normalen« Preisen, etwa für Brot und Butter, ist diese Prozedur stengstens verboten. Wie wir aus dem letzten Kapitel wissen, wäre unser Index dann ein reiner Spielball der Maßeinheiten für die Mengen (Pfund, Kilo, Zentner, Gramm) und daher für seriöse Preisvergleiche nicht zu gebrauchen. Bei Aktienkursen aber gibt es für alle Aktien ein und dieselbe natürliche Maßeinheit – das Stück –, so daß dieser Einwand hier entfällt.

Verschiedene andere Probleme wie Auswahl und zeitliche Veränderung des Warenkorbs hat ein Aktienindex aber durchaus mit einem »normalen« Preisindex gemein. Von den 12 »Gründerwerten« des Dow-Jones z.B. ist heute kein einziger mehr dabei: Von Zeit zu Zeit scheiden bestimmte Unternehmen mangels Masse aus, und neue Sterne am Firmenhimmel – bei der letzten Umbasierung etwa IBM – kommen neu dazu, so daß der aktuelle Wert von 9 000 für den Dow-Jones *nicht* heißen muß, daß die gleichen Aktien, die im Jahre 1896 40 Dollar gekostet haben, heute für 9 000 Dollar zu haben sind.

Beim Preisindex für die Lebenshaltung fangen wir mit jedem neuen Warenkorb auch eine neue Indexreihe an. Diese wird dann mit der alten Indexreihe so »verkettet«, daß beide Reihen sich im »Übergabezeitpunkt« quasi die Hände reichen, d.h. gleiche Werte haben. Bei Aktien verfährt man ähnlich. Angenommen, wir haben in unserem Ausgangsportfo-

lio – entspricht dem Warenkorb der Basisperiode – drei Aktien, mit den Kursen 60, 70, 110. Damit hat der Index nach
der Dow-Jones-Formel den Wert

$$\frac{60 + 70 + 110}{3} = \frac{240}{3} = 80.$$

Nun nehmen wir das Unternehmen mit dem Kurs 60 aus
dem Index heraus und dafür ein anderes mit einem Kurs von
100 hinein. Nach der Standardformel ergäbe das einen neuen
Index von

$$\frac{100 + 70 + 110}{3} = \frac{280}{3} = 93{,}33,$$

d.h. wir hätten für den gleichen Börsentag zwei verschiedene
Indexwerte.

Solche Zweideutigkeiten sind natürlich zu vermeiden.
Beim Dow-Jones wird dazu im zweiten Bruch der Nenner
angepaßt, und zwar so, daß der Bruch den gleichen Wert von
80 hat wie der Index mit dem alten Aktienkorb. In unserem
Beispiel ist dann die Summe der drei Kurse von 280 nicht
mehr durch 3, sondern durch 3,5 zu teilen, weil dann das Ergebnis wieder 80 ist:

$$\frac{100 + 70 + 110}{3{,}5} = 80.$$

Mit diesem neuen Nenner operieren wir dann bis zur nächsten Umschichtung des Portfolios.

Genauso werden auch Aktiensplits, Kapitalerhöhungen
und Dividendenzahlungen aus dem Dow-Jones-Index herausgerechnet. Man sagt dazu auch, daß der Index von solchen Effekten »bereinigt« worden ist. Angenommen etwa,
das Unternehmen mit Kurs 110 gibt für jede alte Aktie zwei

neue aus. Diese haben dann einen Kurs von 55, und der Index wäre

$$\frac{60 + 70 + 55}{3} = \frac{185}{3} = 61,67$$

– schon wieder eine Scheinveränderung ohne »realen« Hintergrund. Daher eliminieren wir diesen künstlichen Effekt genauso wie die künstlichen Effekte einer Portfolio-Anpassung: Statt durch 3 wird hinfort durch 2,3125 dividiert, denn

$$\frac{185}{2,3125} = 80.$$

Diese andauernden Anpassungen des Nenners kumulieren sich natürlich im Lauf der Jahre, wobei Anpassungen wie die letzte, welche den Nenner verkleinern, in der Mehrzahl sind; inzwischen haben sie den Nenner des Dow-Jones-Index auf unter 4 gedrückt. Mit anderen Worten, ein Dow-Jones von 9 000 ist so zu lesen, daß die Summe der Kurse der 30 im Index enthaltenen Werte, geteilt durch 4, den Wert 9 000 hat.

Der deutsche Aktienindex DAX

Der DAX ist das deutsche Pendant zum Dow-Jones. Er wird an Börsentagen jede Minute zwischen 8.30 Uhr und 17.00 Uhr neu berechnet (im sogenannten Xetra-Handel auch schon ab 8.30 Uhr bis in die späten Nachmittag) und ist der wichtigste Indikator des Börsenklimas in der Bundesrepublik. Zur Zeit umfaßt sein Portfolio die folgenden Firmen:

Unternehmen	Kapital 1997 (Mio. DM)
Allianz	1 166,4
BASF	3 049,5
Bayer	3 531,8
Bay. Hypobank	1 285,2
Bay. Vereinsbank	1 184,0
BMW	983,5
Commerzbank	2 228,8
Daimler-Benz	2 574,3
Degussa	428,9
Deutsche Bank	2 512,5
Deutsche Telekom	5 000,0
Dresdner Bank	2 321,7
Henkel	729,9
Hoechst	2 937,8
Karstadt	420,0
Linde	420,3
Lufthansa	1 908,0
MAN	771,0
Mannesmann	1 835,4
Metro	523,7
Münchener Rück	424,8
Preussag	806,6
RWE	2 709,8
SAP	506,2
Schering	341,7
Siemens	2 754,7
Thyssen	1 565,0
VEBA	2 465,8
VIAG	1 329,7
VW	1 737,2

Die Spalte »Kapital« zeigt dabei den Nennwert aller Aktien einer Gesellschaft an. Dieser ist nicht mit dem in der Regel weit höheren Börsenwert, d.h. dem aktuellen Kurs mal Zahl der Aktien, zu verwechseln. Das Kapital bzw. besser das

»zum Börsenhandel zugelassene Grundkapital« gibt allein die Zahl der ausgegebenen Aktien mal Nennwert an und kann daher, weil dieser im Prinzip völlig unbedeutende Nennwert in der Regel für alle Gesellschaften entweder 5 oder 50 Mark beträgt, als Maß für die *Menge* der ausstehenden Aktien dienen: Man braucht nur die Grundkapitalien durch 50 oder 5 zu teilen und hat die Menge.

Der deutsche Aktienindex DAX sagt nun im wesentlichen, wieviel seine 30 Unternehmen im Vergleich zum letzten Börsentag des Jahres 1987, als der DAX geboren wurde, heute an der Börse kosten. Damals kostete z.B. eine Aktie der Allianz 1 144 Mark. Dieser Kurs, multipliziert mit der Zahl der Aktien, ergibt den damaligen Börsenwert der Firma Allianz von insgesamt 15,7 Milliarden Mark, der wiederum zusammen mit den damaligen Börsenwerten der übrigen 29 Firmen den Nenner des DAX bildet.

Im Zähler steht die Summe der aktuellen Börsenwerte. Damit gehen die einzelnen Kurse um so stärker in den Zähler ein, je mehr Aktien einer Gesellschaft im Umlauf sind – im Gegensatz zum Dow-Jones ist der DAX also »gewichtet«. Außerdem multipliziert man, um wie beim Dow-Jones einen Index im Tausenderbereich zu erhalten, den Quotienten noch mit Tausend. Das kann man auch so sehen, daß der DAX in *Promille* angegeben wird. Ein Wert des DAX von sagen wir 4 710 bedeutet also, daß der Marktwert der 30 DAX-Werte seit dem 30. Dezember 1987, als der DAX genau auf 1 bzw. auf 1 000 stand, um 3 710 Promille oder 371 Prozent gestiegen ist.

Der deutsche Aktienindex DAX gibt im wesentlichen den in Promille ausgedrückten Börsenwert von 30 ausgewählten Unternehmen verglichen mit dem 30. Dezember 1987 an.

Mehr braucht der »normale« Kapitalanleger nicht über den DAX zu wissen. Börsenprofis, die etwa mit DAX-Optionen oder -Futures handeln, sollten aber auch noch die folgenden, durch die Besonderheiten des Aktienmarktes hervorgerufenen Arabesken kennen. Wie schon beim Dow-Jones wird nämlich auch beim DAX das im Grundsatz recht einfache Baumuster durch zahlreiche institutionelle Widrigkeiten unseres Aktienmarktes gehörig durcheinandergewirbelt.

Die erste und wichtigste dieser Widrigkeiten ist eine ständige Fluktuation des Aktienbestands. Angenommen etwa, ein im DAX vertretenes Unternehmen gibt für zehn alte Aktien eine neue (junge) aus. Das ist im Prinzip kein Grund zur Aufregung. Da der Börsenwert des Unternehmens nicht davon abhängt, wieviele Zettel mit der Aufschrift »Aktie« an den Börsen zirkulieren, muß zwar der Wert der alten Zettel fallen, aber der gesamte Börsenwert, d.h. das Produkt »Preis der Aktie mal Menge der Aktien« bleibt konstant.

Leider wird aber in der Formel für den DAX, mit der die Börsianer täglich rechnen, der zweite Faktor dieses Produkts, also die Menge der Aktien eines Unternehmens, die im Umlauf sind, nur einmal jährlich, meistens im September, an die geänderten Verhältnisse angepaßt. Bis zu diesem jährlichen Großreinemachen rechnet man mit den alten Mengen weiter und setzt solange statt des zweiten Faktors »Menge« den ersten Faktor »Preis« um 10 Prozent herauf. Mit anderen Worten, bis zum nächsten September wird der Kurs der Aktie mit einem Korrekturfaktor – in unserem Beispiel mit dem Faktor 1,1 – multipliziert.

Vor allem diese Korrektur- oder Bereinigungsfaktoren machen den DAX für die meisten Börsenbeobachter zu einer »Black Box«, wo man zwar sieht, was hinein- und hinausgeht, aber das Geschehen im Innern nicht versteht. Sie sind je nach Unternehmen verschieden, werden bei mehreren »Bereinigungsfällen« pro Jahr multiplikativ hintereinandergeschaltet, und dienen analog auch zum Neutralisieren von künstlichen, also nicht vom Markt verursachten Kursverlusten nach Dividenden. Hier haben sie die Form

$$\frac{\text{letzter Kurs ohne Dividende}}{\text{letzter Kurs ohne Dividende} - \text{Dividende}}$$

Wenn wir den ersten Kurs nach Dividendenausschüttung – den Ex-Kurs, wie die Börsianer sagen – mit diesem Faktor malnehmen, erhalten wir den Kurs, der sich ohne Dividende, d.h. ohne diese Einmischung von außen allein am Markt gebildet hätte, der also den eigentlichen »Wert« – die »Performance«, wie es im modernen Börsen-Neudeutsch heißt – einer Anlage widergibt. Der DAX ist daher ein »Performance-Index«, im Gegensatz etwa zum bekannten FAZ-Index, der keine Kursbereinigung nach Dividenden vornimmt und daher als reiner »Kursindex« bezeichnet wird.

Beim Großreinemachen im September werden dann die zwischenzeitlichen, seit letztem September aufgelaufenen Kapitalveränderungen quasi offiziell im DAX integriert und die Korrekturfaktoren auf 1 zurückgesetzt. Im Zähler steht dann für jedes Unternehmen wieder »Kurs der Aktie mal Zahl der Aktien«, bis das nächste Bereinigungsereignis einen neuen Korrekturfaktor erfordert. Die jährliche DAX-Adjustierung im September besteht also im wesentlichen darin, im Zähler des DAX für jedes der 30 darin vertretenen Unternehmen den Ausdruck »Korrekturfaktor mal aktueller Aktienkurs mal Zahl der Aktien im letzten September« durch den Ausdruck »aktueller Aktienkurs mal aktuelle Zahl der Aktien« zu ersetzen.

Falls Kapitalveränderungen der einzige Grund für Korrekturfaktoren wären, bliebe dieser Tausch für das Ergebnis ohne Einfluß: so oder so enthielte der Zähler des DAX für jedes Unternehmen genau das aktuelle Börsenkapital, und der DAX selbst bliebe völlig gleich. Da sich aber auch andere Bereinigungsereignisse, speziell Dividendenzahlungen, in den Korrekturfaktoren niederschlagen, ist der Zähler des DAX und damit der DAX selbst nach der Adjustierung kleiner als zuvor. Deshalb wird er alljährlich im September auch noch mit einem sogenannten Verkettungsfaktor multipliziert, der diesen Effekt ausgleicht, und der dann bis zur nächsten Generalinspektion ein Jahr später unverändert bleibt.

All diese Adjustierungen sehen in Formelgestalt recht scheußlich aus. Das sollte aber niemanden erschrecken, denn wie so oft im Leben ist die Grundidee des Ganzen viel einfacher als man zuerst glaubt.

Denksport-Exkurs: Eine axiomatische Theorie der Indexzahlen

Zum Abschluß unseres Streifzuges durch den Zoo der Indexzahlen möchte ich Sie noch zu einem Besuch in einer exotischen Abteilung ganz besonderer Art einladen, in die sich normalerweise nur Mathematiker verirren. Wer also den Rundgang jetzt lieber beenden möchte, kann das ohne großen Schaden tun. Auf der anderen Seite wird es sicher den einen oder anderen Leser interessieren, über welchen Problemen eigentlich all die Experten brüten, die heute an Universitäten und Forschungsinstituten an immer neuen Indexzahlen basteln.

Das Hauptproblem mit Indexzahlen ist nämlich deren Überfluß. Es gibt zu viel davon! Selbst bei »normalen« Preisen, Aktienkurse also ausgenommen, raufen sich Dutzende konkurrierender Formeln um die Gunst des Anwenders, der ob dieses Überangebotes gar nicht so recht glücklich ist. Wie wir schon aus dem letzten Kapitel wissen, ist nämlich die berühmte Indexformel von Laspeyres längst nicht die einzige. Eine Konkurrenzformel, die von Paasche, kennen wir bereits. Aber das ist nur die wichtigste. Wer heute ein Buch über Indexzahlen liest, wird von Alternativen so überschüttet, daß ihm der Schädel brummt.

Das Problem ist nun: Gegeben 50 Indexformeln, welche nehme ich? Die einfachste, die eleganteste, die neueste, oder diejenige, die das Ergebnis liefert, das ich haben will?

Die korrekte Antwort ist: man lege zunächst fest, welche Eigenschaften die gesuchte Indexformel haben soll (diese Eigenschaften heißen auch »Axiome« oder »Tests«). Dann suche man sich unter allen Formeln diejenige heraus, falls es eine gibt, die diese Eigenschaften hat.

Die folgenden Axiome sind dabei für alle Indexformeln essentiell:

A1: Der Index soll zwischen dem kleinsten und größten individuellen Preisverhältnis liegen. Mit anderen Worten, wenn alle Preise zwischen 10 und 20 Prozent steigen, darf der Index keine mittlere Preissteigerung von 25 Prozent anzeigen.

A2: Wenn alle Preise konstant bleiben, soll der Index den Wert 1 (bzw. 100 Prozent) annehmen.

A3: Wenn alle Preise steigen, soll der Index größer sein als 1, und wenn alle Preise fallen, soll der Index kleiner sein als 1.

A4: Wenn alle Preise sich um den gleichen Faktor k verändern, soll auch der Index genau diesen Wert k annehmen. Mit anderen Worten, wenn sich alle Preise ohne Ausnahme verdoppeln, sollte der Index den Wert 2 = 200 Prozent annehmen, und wenn sich alle Preise halbieren, soll der Index den Wert 0,5 = 50 Prozent annehmen.

Diese Axiome verstehen sich von selbst und werden auch von den Indices nach Laspeyres und Paasche anstandslos erfüllt. Eine Formel, die bei einem dieser Tests durchfällt, ist für praktische Zwecke nicht zu gebrauchen.

Das nächste Axiom ist dagegen schon anspruchsvoller. Es betrifft den Zusammenhang zwischen Preisen und Mengen und verlangt, daß das Produkt eines Preisindex mit dem zugehörigen Mengenindex genau dem Verhältnis der Gesamtausgaben entsprechen muß. Wenn sich etwa die Preise im Mittel verdoppeln und die Mengen im Mittel verdreifachen, dann sollen die Gesamtausgaben sich versechsfachen.

A5: Preisindex × zugehöriger Mengenindex = Quotient der Gesamtausgaben.

Wie man leicht anhand von Beispielen zeigen kann, ist sowohl für den Paasche-Index wie für den Laspeyres-Index an dieser Stelle Endstation: Eine durch diese Indices angezeigte mittlere Verdoppelung der Preise wie der Mengen läßt bei keinem der beiden den Rückschluß zu, daß sich die Gesamtausgaben vervierfacht haben.

Um dieses Manko auszugleichen, hat der amerikanische Statistiker und Ökonom Irving Fisher (1867-1947) das geometrische Mittel der Indices von Laspeyres und Paasche als Ausweg vorgeschlagen. Dieser Index besitzt auch die Eigenschaft A5 und wird deshalb oft der »ideale Preisindex von Fisher« genannt.

Bei dem nächsten Axiom, das auf den ersten Blick ganz selbstverständlich ist, versagt aber auch der »ideale« Index von Fisher, und die Indices von Laspeyres und Paasche ebenso. Es verlangt, daß sich ein Index beim Vergleich von mehr als 2 Perioden oder Orten in einem bestimmten Sinn konsistent verhält.

A6: Wenn sich die Preise von Periode 0 auf Periode 1 im Mittel verdoppeln und von Periode 1 auf Periode 2 im Mittel nochmals verdoppeln, so sollen sich die Preise von 0 auf 2 im Mittel vervierfachen. Oder allgemeiner und formal:

$$P_{01}P_{12} = P_{02}.$$

Mit etwas Geduld kann sich jeder Leser hier leicht ein Beispiel mit drei Perioden 0, 1 und 2 konstruieren, so daß die Preise sich von 0 auf 1 und von 1 auf 2 verdoppeln, aber wenn wir die Indexformel auf die Perioden 0 und 2 direkt anwenden, kommt *nicht* 4 bzw. 400 Prozent heraus! Genauso können wir Beispiele finden, in denen sich die Preise von einer Periode zur nächsten verdoppeln und von der nächsten Periode zur übernächsten halbieren, also wieder da ankommen, wo sie abgefahren sind, aber der Index, direkt berechnet, von der ersten zur letzten Periode ist *nicht* 1 bzw. 100 Prozent und die mittlere Preissteigerung ist *nicht* 0 Prozent!

Das ist unangenehm, um nicht zu sagen peinlich. Leider ist es nicht zu vermeiden. Wenn man auf gewissen anderen Axiomen beharrt, die genauso wichtig sind, kommt man um solche Inkonsistenzen nicht herum. Das folgt aus dem berühmten Satz, mit dem wir auch unsere Betrachtung der Indexzahlen beschließen wollen:

Satz von der Inkonsistenz der Fisher-Tests:
Es ist prinzipiell unmöglich, einen Preisindex zu finden, der nicht von den Mengeneinheiten abhängt und der zugleich die Eigenschaften A4, A5 und A6 besitzt.

Dieser Satz zeigt, daß auch im Umgang mit Zahlen nicht immer alle Wünsche in Erfüllung gehen. Wenn man das eine will, muß man das andere lassen, und ein für alle Zwecke ideales Werkzeug gibt es nicht.

Literatur

Mehr über die Geschichte des Dow-Jones-Index ist z.B. in dem Buch von R.J. Stillmann: *Dow Jones Industrial Average: History and Role in Investment Strategy* nachzulesen (Homewood 1986). Die Historie deutscher Aktienkurse, inklusive täglicher Indexwerte von 1960 bis 1987 und zahlreicher Anmerkungen und Anekdoten zum Börsengeschehen allgemein, wird sehr schön von Frank Mella in seinem Buch *Dem Trend auf der Spur: Der deutsche Aktienmarkt 1959-*

1987 im Spiegel des Index der Börsenzeitung nacherzählt (Frankfurt 1988). Das beste Buch zu Indexzahlen allgemein sowie zu deren Axiomatik ist immer noch der Klassiker von Irving Fisher selbst: *The Making of Index Numbers* (Boston 1922).

8. Und wie präsentiere ich das alles?

Früher oder später kommt bei unserem Umgang mit Zahlen und Statistik auch der Augenblick, wo wir uns fragen: Wie präsentiere ich das alles? Schließlich ist es in aller Regel nicht damit getan, Durchschnitte oder Wachstumsraten einfach auszurechnen. Wir wollen das Ergebnis unserer Rechnung auch dem Rest der Welt zu Kenntnis bringen.

Um das Ergebnis einer Kundenbefragung, um Preisvergleiche, Umsatzzahlen oder Einkommen dem Endverbraucher überzeugend zu vermitteln, sind Bilder oft geeigneter als nackte Zahlen und Tabellen. Das sogenannte Tortendiagramm auf der nächsten Seite (der Name erklärt sich selbst) zeigt zum Beispiel den Anteil der Frauen am 13. Deutschen Bundestag (26,4 Prozent).

Wann immer die Aufteilung eines Ganzen auf bestimmte Teile interessiert, sind Tortendiagramme angezeigt: Abgeordnete auf Parteien oder auf Geschlechter, Erbmasse auf Erben, Umsatz auf Filialen, Kosten auf Verursacher, Studierende auf Studienfächer, Importe auf Herkunfts- oder Exporte auf Bestimmungsländer etc. – in allen diesen Fällen lassen sich die jeweiligen Anteile oft anschaulich als Tortenstücke darstellen.

Männer und Frauen im 13. Deutschen Bundestag

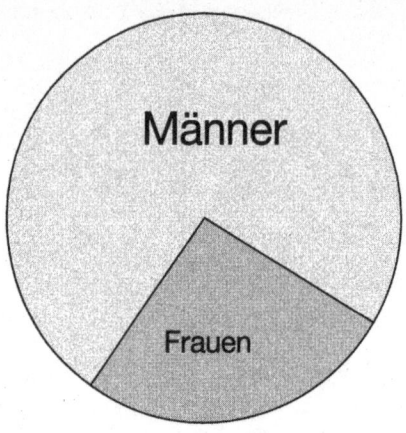

Ein einfaches Tortendiagramm: die Aufteilung der Abgeordneten nach Geschlechtern

Auch die Plazierung der Tortenstücke verdient etwas Beachtung. Die meisten Menschen »lesen« nämlich ein Tortendiagramm im Uhrzeigersinn: Sie fangen oben an, und überfliegen die Graphik rechtsherum. Deshalb empfiehlt es sich, besonders wichtige Tortenstücke auf bzw. leicht hinter die 12-Uhr-Position zu setzen.

Im nächsten Diagramm dagegen ist das Tortenstück, das die deutschen Leser vermutlich am meisten interessiert – das deutsche also – unten links versteckt. Statt dessen plustert sich das uninteressanteste von allen – Andere – auf dem Ehrenplatz rechts oben.

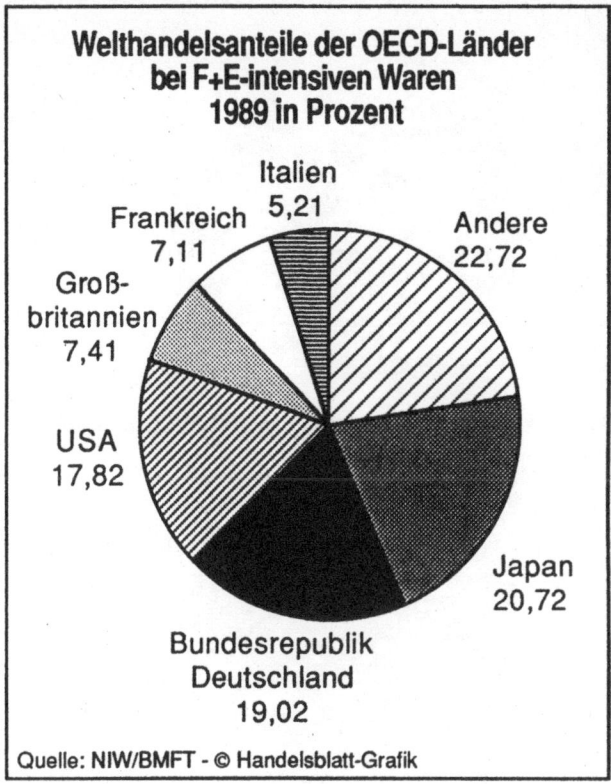

**Welthandelsanteile der OECD-Länder
bei F+E-intensiven Waren
1989 in Prozent**

Italien 5,21
Frankreich 7,11
Großbritannien 7,41
USA 17,82
Bundesrepublik Deutschland 19,02
Japan 20,72
Andere 22,72

Quelle: NIW/BMFT - © Handelsblatt-Grafik

Suboptimale Anordnung der Tortenstücke: Hier sitzt das vergleichsweise uninteressante Kuchenstück »Andere« und nicht der für die meisten Leser wohl wichtigste deutsche Anteil auf dem besten Platz

Noch deutlicher lassen sich wichtige Tortenstücke auch durch Einfärben, Abtrennen oder – paradoxerweise – sogar durch Weglassen betonen. Denn nichts stört unser Auge so wie eine Lücke: Wie bei einer Hochzeitstafel zieht der, der fehlt, die Augen auf sich wie kein anderer.

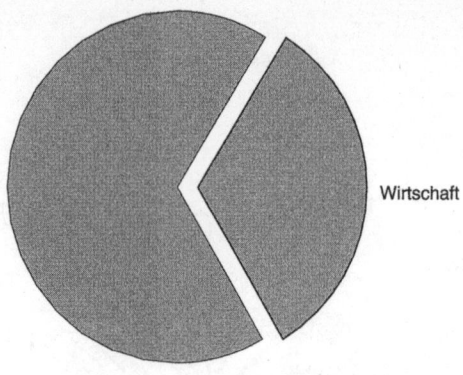

Betonen durch Abtrennen: Erstsemester Deutschland 1992

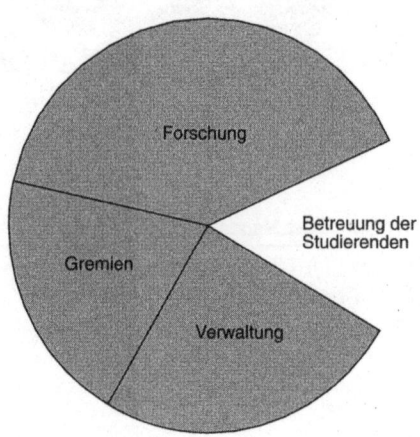

Betonen durch Weglassen: Zeitbudget eines typischen deutschen Hochschullehrers

Piktogramme

Statt per Torte könnte man den Frauenanteil aus unserem ersten Beispiel auch mit einem sogenannten »Piktogramm« vermitteln.

Männer und Frauen im 13. Deutschen Bundestag

Ein Piktogramm für die Verteilung der Mandate

Aber Vorsicht: Solche Piktogramme stecken voller Fallen. Zum Beispiel könnte ein naiver Betrachter denken, im Deutschen Bundestag säßen nur drei Männer und eine Frau. Außerdem ist in die Auswahl und Plazierung der Figuren schon eine gewisse Vorbewertung eingeflossen: die Männer dynamisch-aktiv, mit Aktentasche und Schirm unter dem Arm, bereit, zur Arbeit aufzubrechen; die Frau abwartend passiv, mal sehen, was da kommt.

Wegen dieser in Piktogrammen oft verborgenen Sekundärbotschaften ist auch die folgende, im Prinzip sehr gute Graphik aus dem *Spiegel* nur cum grano salis zu genießen;

Ein alternatives Piktogramm für den gleichen Sachverhalt:
Die Botschaft ist nicht mehr die gleiche

sie stellt die Frauen unter deutschen Professoren ihren
männlichen Kollegen gegenüber und gibt die Fakten durchaus richtig wieder, aber nicht ohne eine subtile, von den Fak-

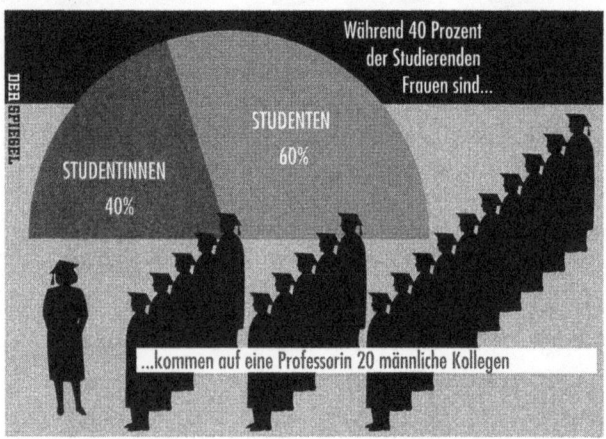

Quelle: Der Spiegel, 29/93

Ein sehr gutes Piktogramm: Die Kombination von Piktogramm
und Tortendiagramm und der Kontrast der darin dargestellten Da-
ten erhöht die Wirkung. Aber Vorsicht: Hier ist auch eine Wertung
eingebaut

ten losgelöste Botschaft beizumengen: Die Frau ist Einzel-
kämpferin und steht einer geschlossenen Phalanx männlicher Kollegen gegenüber (während in Wahrheit wohl niemand weltweit so viele Gönner und Geldgeber vorfindet wie
Frauen an deutschen Universitäten). Vor solchen Nebenbot-
schaften – ob mit Absicht eingeschmuggelt oder aus Versehen mitgeliefert – sind Piktogramme leider nie ganz
sicher.

Einen Ausweg aus diesem Bewertungsdilemma zeigen
wertneutrale Figuren. Aber auch diese sind vor Fehldeutun-
gen nicht gefeit. Das nächste Piktogramm, nochmals für den
Frauenanteil im Deutschen Bundestag, hat z.B. einer Testle-
serin die Bemerkung »Das ist aber ungerecht: Drei Männer-
klos und nur ein Frauenklo!« entlockt.

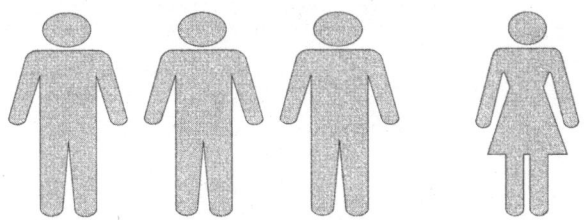

Wertneutrale Figuren sind auch nicht optimal

Besser geeignet sind wie im nächsten Beispiel größere Mengen wertneutraler Figuren, nicht eine gegen drei, sondern
zehn gegen dreißig oder 100 gegen 300, welche sowohl das
Männerklo-Frauenklo-Argument als auch die Vermutung
entkräften, daß nur vier Personen den Deutschen Bundestag
bevölkern (»Vielfachprinzip«).

Das übernächste Diagramm, eines der besten aller Zeiten,
zeigt dieses Vielfachprinzip in Perfektion.

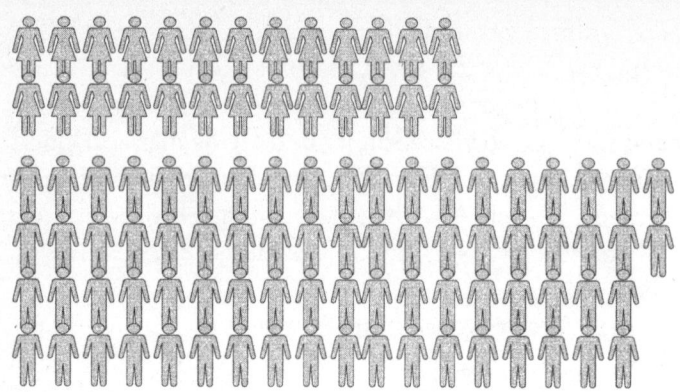

Besser: viele kleine Klone

Säuglingssterblichkeit in der Welt 1956

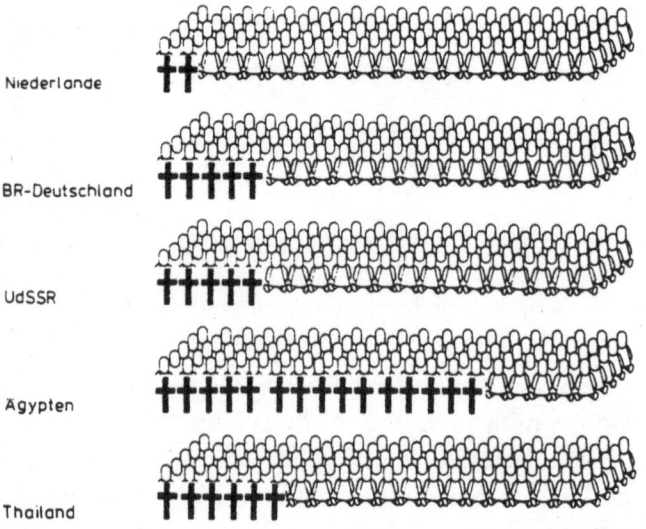

Jedes Bildzeichen ein Todesfall im ersten Lebensjahr auf 1oo Lebendgeborene

*Ein datengraphisches Meisterwerk (aus Herbert Koberstein:
Statistik in Bildern, Stuttgart 1973)*

Säulen für Vergleiche

Das folgende ist ein sogenanntes Säulendiagramm, oft auch Stabdiagramm genannt (andere Säulendiagramme, die sogenannten Histogramme, haben wir schon in Kapitel 1 gesehen). Es wird sicher viele Leser und Leserinnen überraschen, denn es zeigt, daß nicht im nassen London, sondern im sonnigen Rom und München pro Jahr der meiste Schnee und Regen fällt.

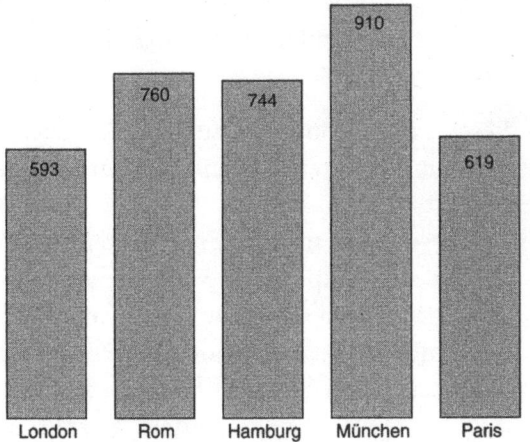

Ein einfaches Säulendiagramm

Während Tortendiagramme gut Botschaften der Art vermitteln: »Mehr als die Hälfte aller deutschen Jugendlichen machen das Abitur« oder »Zwei Drittel aller Abiturienten können keine Bruchrechnung«, betonen Säulen- oder Balkendiagramme besser *Unterschiede* in den Anteilen: »In Deutschland gibt es mehr Studenten als Lehrlinge« oder »Der bei weitem größte Anteil aller Asylbewerber entfällt auf Flüchtlinge aus Jugoslawien«. Mit anderen Worten: Torten verdeutlichen besser die Aufteilung eines Ganzen auf die Teile, Säulen und Balken besser deren *Reihung*. Die folgenden Aussagen lassen sich also ideal in Säulendiagramme übersetzen:

– »Die Arbeitsproduktivität in Werk A hinkt beträchtlich der in den Werken B, C und D hinterher.«
– »Unser Umsatz hat in der letzten Dekade jährlich zugenommen.«
– »Unter allen deutschen Großstädten hat Frankfurt die höchste Kriminalität.«
– »Von allen freien Berufen haben Zahnärzte das höchste Einkommen.«

In allen diesen Fällen kommt es auf den Vergleich einer bestimmten Zahl mit anderen Zahlen an, dafür sind Säulendiagramme ideal.

Natürlich lassen sich auch mehrere Datenreihen auf einmal, wie Importe und Exporte für verschiedene Länder, oder Umsätze, Rücklagen und Gewinne verschiedener Firmen, in Säulendiagramme übersetzen. Addieren sich die individuellen Komponenten zu einem sinnvollen Ganzen, wie etwa die Stromerzeugung eines Landes mittels Kernkraft, Kohle, Sonne oder Gas, oder wie die Einkommen aus selbständiger und unselbständiger Tätigkeit in unserer jährlichen Steuererklärung, setzt man die einzelnen Säulen einfach aufeinander. Addieren sich die einzelnen Komponenten dagegen nicht zu einem sinnvollen Ganzen, oder ist man mehr an den einzelnen Komponenten selbst als an deren Summe interessiert, setzt man die Säulen nebeneinander. Das nächste Beispiel zeigt die jährlichen Gesamtausgaben für Ärzte, Krankenhäuser, Medikamente und sonstige Gesundheitsgüter in der

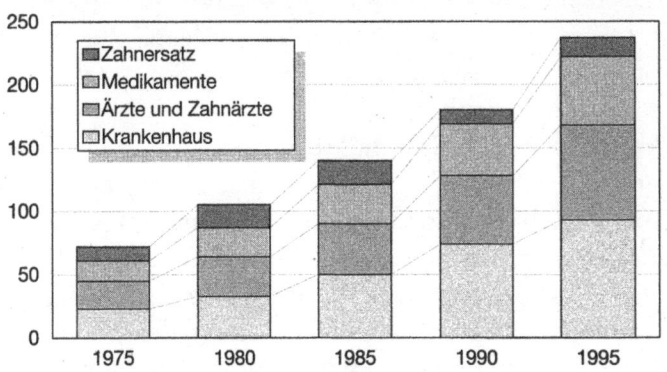

Ein additives Vierfach-Säulendiagramm

Bundesrepublik Deutschland (alte Bundesländer) über verschiedene Jahre (hier ist die Summe interessant und wichtig), das Beispiel unten die monatlichen Ausgaben für Mie-

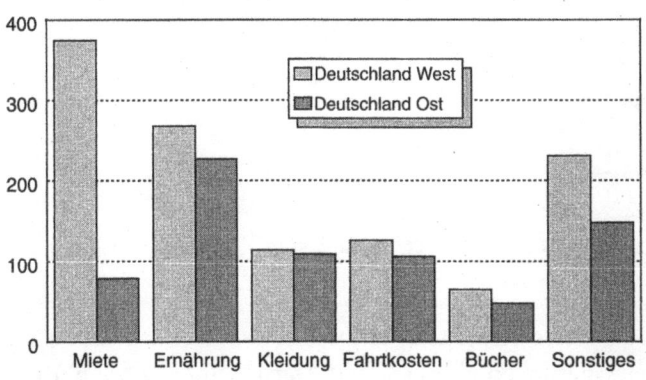

Ein paralleles Doppel-Säulendiagramm

te, Bücher, Kleidung etc. von typischen Studierenden in Deutschland Ost und West (hier macht die Summe Ost plus West offensichtlich wenig Sinn, es sei denn, eine typische Studentin West zieht mit einem typischen Studenten Ost zusammen oder umgekehrt).

Varianten dieser Grundmuster sind überlappende Säulen oder additive Säulendiagramme, in denen Prozentsätze statt absoluter Zahlen abgetragen sind (sogenannte 100-Prozent-Säulendiagramme). Sie haben stets die gleiche Höhe 100 und stellen Verschiebungen der Anteile heraus. So sehen wir etwa im nächsten Diagramm, daß der Anteil der Gesundheitsausgaben, der in unsere Krankenhäuser fließt, von 1990 bis 1995 leicht zurückgegangen ist.

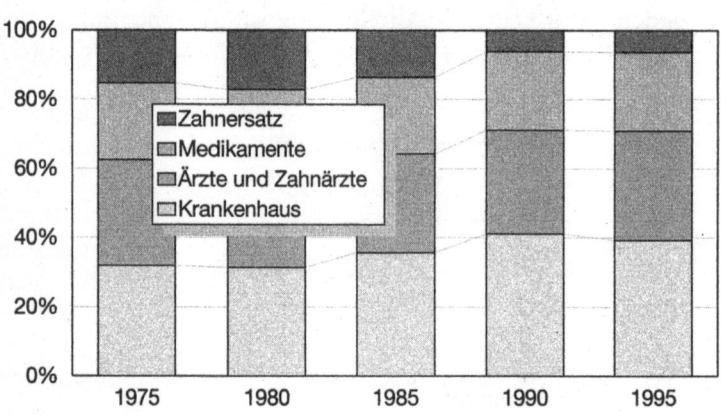

Säulendiagramme erleichtern den Vergleich von Anteilen

Eine weitere Variante sehen wir in dem folgenden Diagramm der monatlichen Höchst- und Tiefsttemperaturen der Olympiastadt Sydney, in der die Säule der Tiefsttemperaturen einfach weggelassen wurde; die Säulen für die Differenzen schweben quasi mitten in der Graphik. Solche Diagramme werden gerne für Börsenkurse und deren Minima und Maxima verwendet und heißen daher auch »Aktiendiagramme«.

Monatliche Minimal- und Maximaltemperatur in Sydney, Australien (in Grad Celsius)

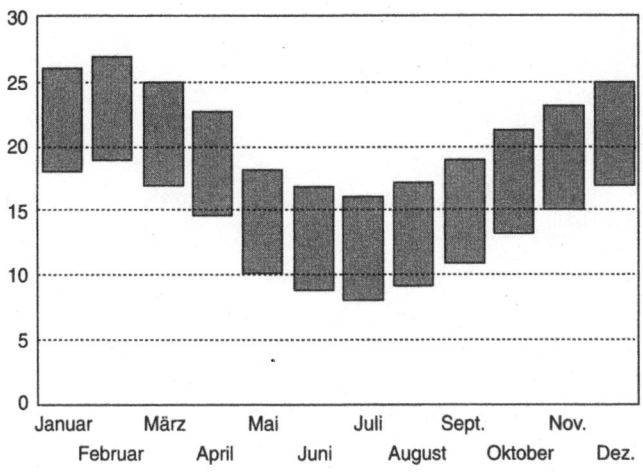

Säulen zwingen das Auge in die Vertikale

Legt man schließlich die Säulen auf die Seite, erhält man ein sogenanntes Balkendiagramm wie die folgende Graphik aus dem *Handelsblatt;* sie gibt die nach Größe sortierten Umsätze der größten europäischen Elektrounternehmen wieder, und könnte ebensogut als Säulendiagramm erscheinen. Auch die Bevölkerungspyramiden aus dem 12. Kapitel weiter unten sind solche Balkendiagramme.

Die größten Elektro-Unternehmen in Europa

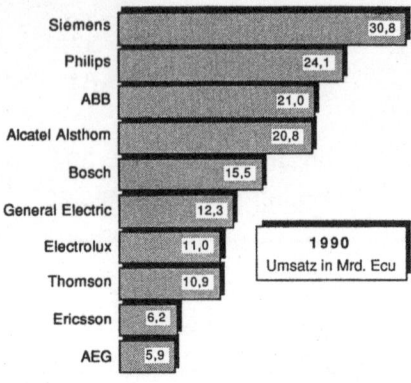

Ein einfaches Balkendiagramm

Kurven für Trends

Kurvendiagramme eignen sich besonders zur Darstellung von Daten, die nach der Zeit geordnet sind: Einnahmen, Ausgaben, Mitgliederzahlen, Umsätze, Gewinne, Aktienkurse etc. Während Säulendiagramme eher Fakten beleuchten wie »Der Umsatz war 1999 höher als 1998« oder »Die Staatsverschuldung hat mit der deutschen Einheit zugenommen«, legen Kurvendiagramme eher Wert auf *Trends*: Der Umsatz steigt trotz kurzfristiger Einbrüche langfristig beständig an, die Staatsverschuldung scheint durch nichts zu bremsen usw. Man könnte z.B. den Frauenanteil im Deutschen Bundestag und seine Veränderung im Lauf der Zeit durchaus auch durch eine Reihe von Tortendiagrammen

wiedergeben. Einprägsamer, da den Trend beleuchtend, ist
dagegen das folgende Kurvendiagramm:

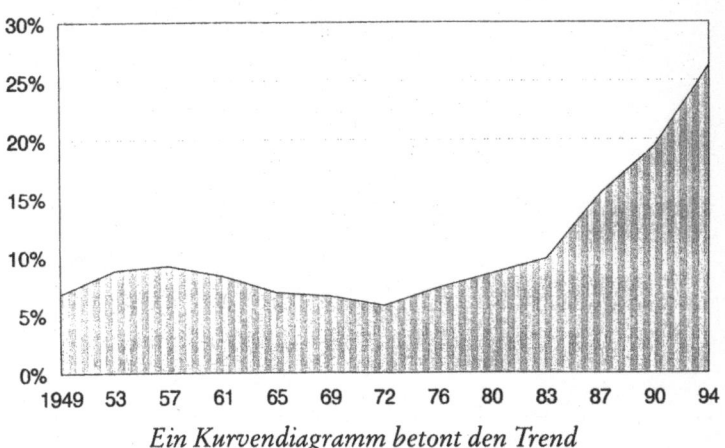

Ein Kurvendiagramm betont den Trend

Natürlich verträgt ein Kurvendiagramm auch mehrere
Datenreihen auf einmal. Voraussetzung ist jedoch in aller
Regel, daß diese die gleiche Maßeinheit besitzen, wie DM,
Dollar, Kilo, Liter oder auch ganz einfach Stück. In nächsten
Diagramm – mit Grundstückspreisen in Berlin und Mün-
chen (Durchschnittspreise für Mehrfamilienhausgrund-
stücke in mittlerer Wohnlage, mitgeteilt vom Ring Deut-
scher Makler) – heißt dieser gemeinsame Nenner »DM pro
Quadratmeter«. Oder man läßt beide Reihen bei 100 anfan-
gen. Dann heißt dieser gemeinsame Nenner »Prozent vom
Ausgangswert«. Dabei gehen zwar die Zahlen selbst und
auch die Maßeinheit verloren, aber dafür rückt das unterschiedliche *Wachstum* der Datenreihen besonders grell ins
Rampenlicht.

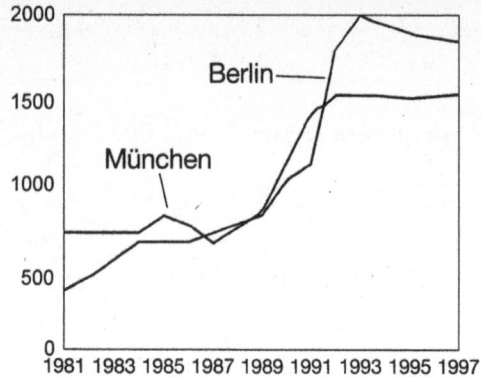

Zwei Zeitreihen in einem Diagramm: beide haben die gleiche Maßeinheit »DM pro Quadratmeter«

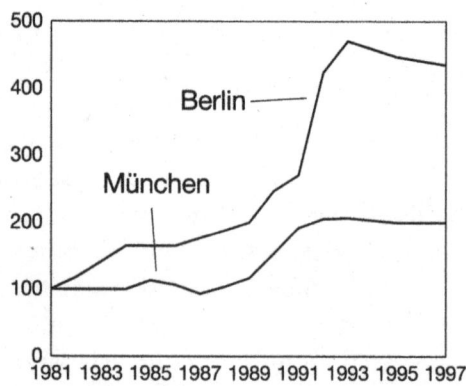

Die gleichen Zahlen, mit den Werten für 1981 = 100. So wird das unterschiedliche Wachstum besser deutlich

Vorsicht dagegen mit Kurven in 3D – in dem meisten Fällen lenkt die dritte Dimension nur von der eigentlichen Botschaft ab. Eine Ausnahme ist das Diagramm des deutsch-japanischen Außenhandels auf der nächsten Seite. In der 2D-Version bleibt nämlich unklar, ob die deutsche Einfuhr auf die deutsche Ausfuhr draufgesattelt ist oder ob sie diese übersteigt; diese Zweifel können bei der 3D-Fassung nicht entstehen (solche unterhalb der Kurve eingefärbten Graphiken heißen auch »Flächendiagramme«).

Eine besondere Art von Kurvendiagrammen schließlich, auf die vor allem Wissenschaftler schwören, haben eine sogenannte logarithmische Skala auf der senkrechten Achse. Damit ist gemeint, daß nicht die Werte der Variablen selbst, sondern deren Logarithmen (meistens die natürlichen Logarithmen, aber das ist für die Graphik wenig relevant) den Abstand der Kurve von der waagerechten Achse bestimmen. Hat also eine Variable den Wert 10, so hat die Kurve einen Abstand von der waagerechten Achse von $ln(10) = 2,30$, und hat eine Variable den Wert 20, so hat die Kurve einen Abstand von $ln(20) = 3,00$. Wenn also die Kurve um eine Einheit steigt, nimmt nicht die Variable selbst, sondern der Logarithmus der Variablen um eine Einheit zu. Auf diese Weise kann man leichter die Wachstumsraten zwischen verschiedenen Perioden vergleichen, etwa von wann bis wann die Variable sich verdoppelt, weil ein Verdoppeln der Ausgangsdaten immer den gleichen Zuwachs für den Logarithmus bedeutet.

Das Schaubild auf der übernächsten Seite zeigt die Bevölkerung der Erde vom Jahr 0 bis zum Jahr 2000, einmal mit »normaler« und einmal mit logarithmischer Skala. In der normalen Version ist sehr schön zu sehen, wie die Weltbevölkerung von rund 250 Millionen oder 0,25 Milliarden

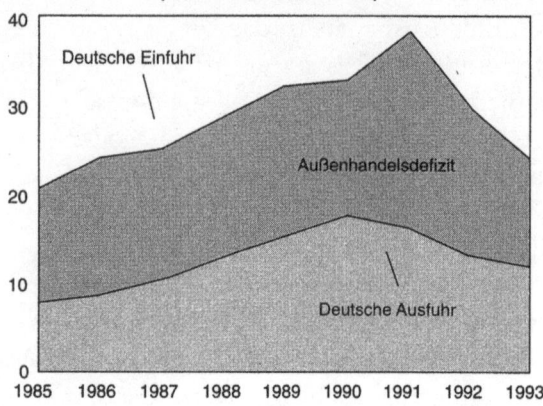

Ein mißverständliches Flächendiagramm: Erst der Text macht klar, daß die schwarze Fläche für das deutsche Defizit und nicht für die japanischen Exporte steht

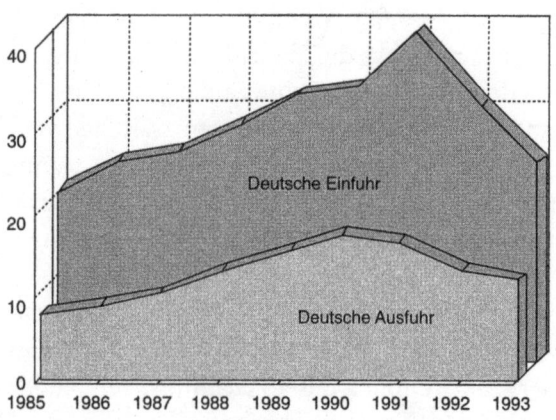

In dieser 3D-Version sind alle Zweifel ausgeräumt

Menschen im Jahr 0 auf rund 500 Millionen im 17. Jahrhundert, eine Milliarde im 19. Jahrhundert und dann auf zwei, drei, vier, fünf, sechs Milliarden Menschen wächst. Aber erst in der logarithmischen Version wird wirklich deutlich, wie sehr nicht nur die Bevölkerung selbst, sondern auch die Wachstumsrate der Bevölkerung zunimmt.

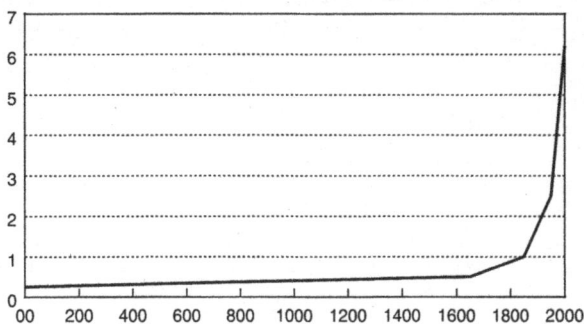

Die Weltbevölkerung vom Jahr 0 bis 2000 mit einer »normalen« senkrechten Skala (in Milliarden)

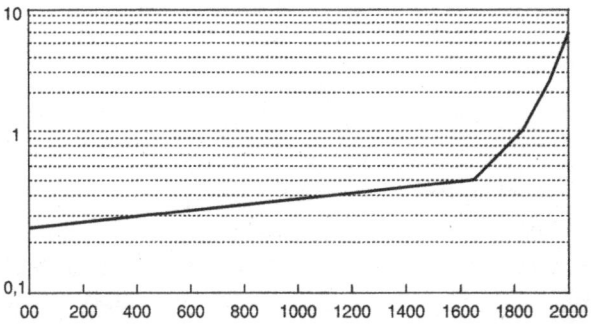

Die gleichen Daten mit logarithmischer Skala: Der Abstand der Kurve von der waagerechten Achse entspricht dem Logarithmus der Bevölkerung. Rasterlinien unter einer Milliarde stehen für 100 Millionen, danach für eine Milliarde

Woran erkennt man eine gute Graphik?

Eine gute Graphik konzentriert sich auf das Wesentliche, sie rückt Raster, Rahmen und anderen Schnickschnack in den Hintergrund. Deshalb ist die nächste eine schlechte Graphik. Sie zeichnet die Grundstückspreise in Berlin und München nochmals nach, jedoch mit Längs- und Quergittern, wie sie oft in Kurven- und anderen Diagrammen anzutreffen sind.

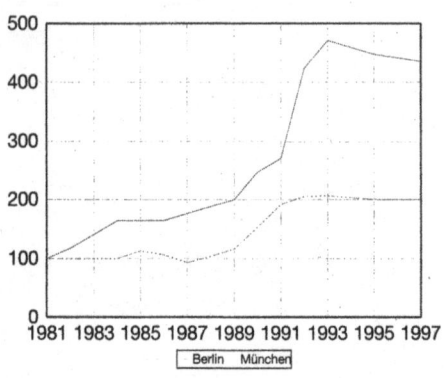

Schlecht: das Raster dominiert die Daten

Auch Achsen und Achsenbeschriftungen sind in einer guten Datengraphik nur Statisten, sozusagen Kleiderständer, um die eigentlichen Exponate gut ins Bild zu rücken.

Aus Gründen, über die die Wissenschaftler noch immer streiten, scheint ferner ein Format entsprechend dem sogenannten goldenen Schnitt unser Auge besonders zu erfreuen. Es verlangt, daß die Breite das 1,6fache (abgerundet) der Höhe ist. Neben der Ästhetik spielt dabei sicher auch eine Rolle, daß man in der Regel mehr Platz für die unabhängige Variable auf der waagerechten als für die abhängige Variable

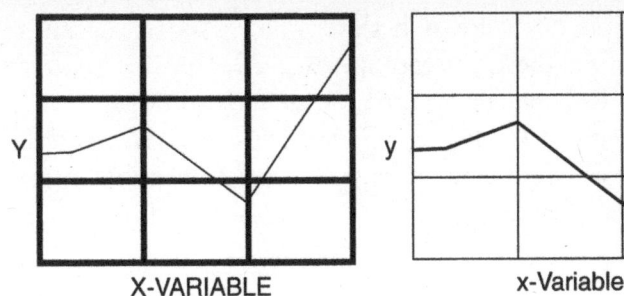

<table>
<tr><td>

X-VARIABLE

Schlecht: Achsen und Achsenbe-
schriftung viel zu aufdringlich

</td><td>

x-Variable

Besser: Achsen, Raster und
Beschriftung dezent im Hin-
tergrund

</td></tr>
</table>

auf der senkrechten Achse braucht, oder daß wir aus anderen Gründen gewohnt sind, beim Sehen dem Horizont zu folgen und daß wir deshalb bei Bildern gerne in die Breite gehen.

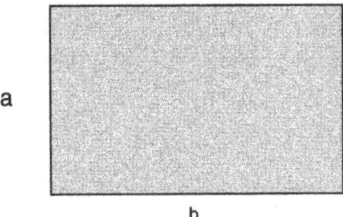

Seitenlänge entsprechend dem goldenen Schnitt: a:b = b:(a+b)

Literatur

Dieses Kapitel ist meinem Buch *So überzeugt man mit Statistik* (Frankfurt 1994) angelehnt, das wiederum den beiden Klassikern von Eward Tufte sehr viel verdankt: *The visual display of quantitative information* (Cheshire 1992) und *En-*

visioning information (Cheshire 1990). Andere nützliche Leitfäden für die Übersetzung von Zahlen in Bilder liefern Herbert Koberstein: *Statistik in Bildern* (Stuttgart 1973), Hans Riedwyl: *Graphische Gestaltung von Zahlenmaterial* (Bern 1975) oder Gene Zelasny: *Wie aus Zahlen Bilder werden* (Wiesbaden 1988).

9. Sozialprodukt und Volkseinkommen

Das Bruttosozialprodukt der Bundesrepublik Deutschland erreichte 1995 den Wert von 3 444,8 Milliarden oder 3,444 Billionen Mark. Damit war Deutschland nach den USA, Japan und der Volksrepublik China das viert-»produktivste« Land der Welt.

Auf die Anführungszeichen in diesem Adjektiv kommen wir unten noch im Detail zurück. Sehen wir uns zunächst die entsprechenden Zahlen für einige andere Länder an (zur besseren Vergleichbarkeit in US-Dollar umgerechnet; das Jahr ist 1994, weil neuere Zahlen bei der Niederschrift dieser Zeilen für viele Länder noch nicht verfügbar waren).

Solche »Hitlisten« kehren jedes Jahr so sicher wieder wie das Weihnachtsfest. Sie provozieren heiße Diskussionen in den Medien und rote Köpfe in den Parlamenten, und haben schon manchen Wirtschaftsminister seinen Stuhl gekostet. Sie werden zu Zeugen aufgerufen, daß etwa ein durchschnittlicher Schweizer 464mal produktiver (reicher, ökonomisch erfolgreicher, intelligenter, klüger . . .) ist als ein Bürger Mosambiks, daß der Stern der USA allmählich niedergeht (weil das vormals »reichste« Land nun nicht mehr an der Spitze steht), daß Italien England ökonomisch

Bruttosozialprodukt international

	insgesamt (Milliarden Dollar)	je Einwohner (Dollar)
Schweiz	265,0	37 180
Japan	4 321,0	34 630
USA	6 737,4	25 860
Deutschland	2 075,5	25 580
Österreich	197,5	24 950
Frankreich	1 355,0	23 470
Italien	1 101,3	19 270
England	1 069,5	18 410
.	.	.
.	.	.
.	.	.
Indien	278,7	310
Kenia	6,6	260
Uganda	3,7	200
Mosambik	1,3	80

überholt, oder daß Reichtum und Wohlstand nur per Marktwirtschaft erreichbar sind. Wegen solcher Listen beneiden uns Österreicher und Franzosen und sehen wir selbst voller Ehrfurcht zu Schweizern und Japanern auf. Kein anderes Kriterium stellt derart deutlich eine Hackordnung der Völker her wie das Sozialprodukt.

In diesem Kapitel sehen wir uns die Eingeweide dieses goldenen Kalbes einmal näher an. Aller modischen Kritik zum Trotz ist das Sozialprodukt nämlich nicht zu Unrecht eine wichtige und vielleicht sogar die wichtigste Zielgröße unserer gesamten Wirtschaftspolitik. Nur sollte man auch wissen, worauf man dabei zielt.

Was mißt eigentlich das Bruttosozialprodukt?

Wenn wir unser Lexikon im Schrank nach dem Sozialprodukt befragen, werden wir oft mit Erklärungen abgespeist wie »Wert der Bruttoproduktion aller Wirtschaftseinheiten eines Landes«, »gesamtwirtschaftliche Bruttowertschöpfung« oder ähnlichem. Solche Definitionen erinnern mich immer an »Links ist da, wo der Daumen rechts ist«: Hinterher ist man kaum klüger als zuvor. Denn was ist die »Bruttoproduktion aller Wirtschaftseinheiten eines Landes« überhaupt?

Ein Schlaumeier würde jetzt sagen: das Sozialprodukt, und damit hat sich die Katze exakt in den Schwanz gebissen. Darüber hinaus ist diese Erklärung auch noch sachlich falsch, denn das Sozialprodukt mißt eindeutig *nicht* den Wert aller in einem Jahr produzierten Güter und Dienstleistungen einer Volkswirtschaft. Es mißt nur eine Teilmenge davon, und dazu noch eine Teilmenge, die von Jahr zu Jahr und von Volkswirtschaft zu Volkswirtschaft erheblich schwankt.

Nach aktueller Praxis erfaßt das Bruttosozialprodukt vor allem Güter und Dienstleistungen, die gegen Geld gehandelt werden: Autos, Straßen, Waschmaschinen, Lebensmittel, Heizöl, Taxifahrten, Dienstleistungen von Ärzten, Krankenhäusern, Banken, Post. Das hat den großen Vorteil, daß man so im wahrsten Sinn des Wortes Äpfel und Birnen aufaddieren kann: 1 000 Kilo Äpfel à 4 Mark und 2 000 Kilo Birnen à 3 Mark ergibt ein Sozialprodukt von $1\,000 \times 4 + 2\,000 \times 3 = 10\,000$ Mark.

> Das Bruttosozialprodukt ist die Summe aller pro Jahr erzeugten, zum Endverbrauch bestimmten, an Märkten gehandelten und zu Markt- oder sonstigen Preisen bewerteten Güter und Dienstleistungen einer Volkswirtschaft.

Dieses System hat aber auch große Nachteile. So steigt etwa das Sozialprodukt auch dann, wenn sich real überhaupt nichts ändert und nur die Preise steigen. Das westdeutsche Bruttosozialprodukt ist z.B. von 1960 bis 1990 um 700 Prozent gestiegen (von 300 Milliarden Mark auf 2 400 Milliarden Mark), aber von diesen 700 Prozent Wachstum gehen mehrere hundert Punkte auf die Inflation zurück: Zu konstanten Preisen ist das Sozialprodukt nur um 150 Prozent gewachsen.

Auch bei internationalen Vergleichen ist dieses Umrechnen auf ein und dieselbe Geldeinheit ein großes Problem. Je nach Dollarkurs z.B. sieht die Tabelle vom Anfang des Kapitels völlig anders aus, ohne daß sich real das mindeste geändert haben muß. Wenn also die Bundesrepublik in diesem Konzert einmal die erste und einmal nur die zweite Geige spielt, kann das auch ein Kunstprodukt des Devisenhandels sein.

Das Problem der Schattenwirtschaft

Noch schwerer als dieses problematische Umrechnen von realen Gütern und Dienstleistungen in Geldeinheiten wiegt jedoch der Ausschluß von Produkten, die durchaus zu Wohlergehen und Zufriedenheit der Menschen beitragen, aber nicht gegen Geld gehandelt und daher auch nicht im »offiziellen« Sozialprodukt gemeldet werden: die selbst statt in der Werkstatt aufgezogenen Winterreifen, das selbst tapezierte Wohnzimmer, das selbst getippte Manuskript, die selbst reparierte Armbanduhr: Was man selbst macht, statt von anderen gegen Entgelt machen läßt, fällt systematisch durch den Rost. Wenn wir vom Sohn des Nachbarn für 20 Mark den Rasen mähen lassen, steigt das Sozialprodukt um 20 Mark. Mähen wir den Rasen selbst, bleibt es konstant. Das produzierte Gut, nämlich ein frisch gemähter Rasen, ist in beiden Fällen gleich, aber einmal zählt es zum Sozialprodukt und einmal nicht.

Strenggenommen müßte man also Luciano Pavarotti verbieten, ein Freikonzert zu geben, weil das volkswirtschaftlich schädlich ist. Bekommt er nämlich Gage, zählt sein Gesang zum Sozialprodukt; bekommt er keine Gage, kann er singen, so viel und schön er will: dem Sozialprodukt ist das egal.

Den mit Abstand größten Brocken der so unterschlagenen Güter und Dienstleistungen stellt die in der Regel unbezahlte Arbeit unserer Hausfrauen und Hausmänner dar: Spülen, Waschen, Kochen, Treppen putzen, Kinder erziehen, Kranke pflegen, alles trägt zu unserem Wohlergehen bei, wird aber im Sozialprodukt nicht mitgezählt. Wenn also ein reicher Junggeselle seine Haushälterin heiratet, mit einem Monatslohn von vorher 4 000 Mark, die nach der Hochzeit nichts anderes tut als vorher auch, nur ohne Honorar, so hat er mit einem Schlag das deutsche Sozialprodukt um $12 \times 4\,000 = 48\,000$ Mark pro Jahr reduziert.

Würde man alle diese in privaten Haushalten »gratis« erbrachten Dienstleistungen etwa nach dem Bundesangestelltentarif bewerten, wäre unser Sozialprodukt im Handumdrehen um fast die Hälfte größer. Oder anders ausgedrückt: Je mehr Güter und Dienstleistungen im Familien- oder Freundeskreis quasi informell produziert, getauscht und gehandelt werden, desto kleiner ist das amtliche Sozialprodukt, desto ärmer macht uns die Statistik. Je mehr Güter und Dienstleistungen dagegen gegen Rechnung den Besitzer wechseln, desto größer ist das amtliche Sozialprodukt, desto reicher scheinen wir zu sein.

Ein weiterer großer Brocken, der im Gegensatz zur Haushaltsproduktion ganz offiziell zum Sozialprodukt gehört, der aber gleichfalls auf dem Weg in das Statistische Jahrbuch spurlos verschwindet, ist die Schwarzarbeit bzw. »Schattenwirtschaft«, wie die Ökonomen sagen. Wenn in Land A ein Maurer für tausend Mark eine Grube gräbt und diesen Lohn versteuert, steigt das Sozialprodukt um tausend Mark. Wenn in Land B ein anderer Maurer die gleiche Arbeit schwarz erledigt, so steigt das »eigentliche« Sozialprodukt dort ebenfalls um tausend Mark. Jedoch bleibt dieser Beitrag ungemessen, und das amtlich ausgewiesene Sozialprodukt ist um tausend Mark zu klein.

Im Gegensatz zur Haushaltsproduktion wird in der Schattenwirtschaft also durchaus Ware gegen Geld gehandelt. Nur erfährt die Amtsstatistik nichts davon.

Das Ausmaß dieser Schattenwirtschaft wird heute in westlichen Industrienationen auf rund 10 Prozent des amtlichen Sozialprodukts geschätzt. Die höchste Quote (13 Prozent) vermutet man für Schweden und Italien, die kleinsten Quoten von 4,1 und 4,3 Prozent für Japan und die Schweiz. Die Bundesrepublik Deutschland (West) belegt mit geschätzten 8,6 Prozent einen Mittelplatz – bei einem Sozialprodukt von 3,4 Billionen Mark immerhin mehr als 292 Milliarden Mark. Um diese Summe ist also die offizielle deutsche Zahl zu klein.

Neben Schwarzarbeitern, die nur die Früchte an sich legaler Tätigkeiten der Statistik und dem Fiskus vorenthalten, nagen schließlich auch noch Kriminelle und Halbkriminelle aller Art an unserem statistischen Sozialprodukt. Schon wer auf dem Diensttelefon unerlaubt Privatgespräche führt, verringert nämlich das Sozialprodukt: Die Gebühren schlagen beim Arbeitgeber als Kosten zu Buche und reduzieren dadurch dessen Nettoproduktion, während der Gegenwert der Kosten, also das Telefongespräch, als Leistung nirgendwo erscheint. Auch Ladendiebe und Bankräuber reduzieren so das statistisch ausgewiesene Sozialprodukt, ohne daß sich am »eigentlichen« Sozialprodukt das geringste ändert: Ob eine Taschenuhr per Kauf oder per Diebstahl den Weg zum Endverbraucher findet, ist dem Sozialprodukt egal. Im ersten Fall wird sie – wie es sich gehört – dazugezählt, im zweiten Fall dagegen verschwindet sie auf Nimmerwiedersehen im großen Bermuda-Dreieck der Illegalität.

Das Problem des Staatssektors

Der weitaus größte Teil des Sozialprodukts wird in Unternehmen produziert. Aber auch der Staat trägt dazu bei, und zwar absolut wie relativ gesehen immer mehr (1990 in Westdeutschland etwa 250 Milliarden Mark, verglichen mit 20 Milliarden Mark 1960). Real gesehen stehen dahinter vor allem die Dienstleistungen von Justiz, Polizei, Schulen, Hochschulen, Verwaltung oder Feuerwehr, ohne die ein Sozialwesen heute nicht mehr funktioniert.

Das Problem ist nur: Wie wollen wir diese Güter bewerten? Die Beiträge der Unternehmen werden zu den Preisen bewertet, die sie am Markt erzielen, d.h. heiß begehrte und daher teure Güter tragen mehr zum Sozialprodukt bei als Ladenhüter, die niemand haben will.

Bei den Wohltaten des Staates funktioniert dieses System leider schlecht – sie werden uns aufgedrückt, ob wir wollen oder nicht. Zwar müssen wir durchaus dafür zahlen, aber nur selten direkt, meistens indirekt über Steuern und Sozialabgaben. Wenn wir die Dienste eines Standesbeamten oder Polizisten beanspruchen, kostet uns das zunächst nichts bzw. nur minimale Gebühren, die aber die Kosten niemals decken. Erst in den jährlichen Etat-Debatten unserer Parlamente wird uns dafür eine Rechnung präsentiert.

Aushilfsweise gehen daher die vom Staat produzierten Güter und Dienstleistungen mit ihren Gestehungskosten in die Sozialprodukt-Berechnung ein, und das hat einen perversen Effekt: Je unwirtschaftlicher, schlampiger und ineffizienter unsere Staatsbürokratie, desto höher das Sozialprodukt! Wenn etwa das Katasteramt XY völlig unnötig 20 Mitarbeiter beschäftigt, obwohl die Arbeit auch von 10 getan werden könnte, hat es sich um das Sozialprodukt verdient gemacht. Würde es, ohne seine Dienste einzuschränken, die 10 überflüssigen Mitarbeiter in die freie Wirtschaft entlassen, wäre sein Produkt auf einmal nur die Hälfte wert.

Der Staatsbeitrag bläht das Sozialprodukt also künstlich auf und macht so die Untererfassung der Schattenwirtschaft teilweise wieder wett. Länder wie Italien, mit großem und notorisch ineffizientem Staatssektor, machen so zwar einerseits viel Lärm um nichts, leisten sich aber zum Ausgleich eine blühende Schattenwirtschaft wie sonst nirgends in Europa, in der ein Beamter vielleicht das Doppelte seines offiziellen, im Sozialprodukt vermerkten Gehaltes, für das er aber nicht viel leistet, mit Nebengeschäften verdient, für die er wirklich arbeitet, die aber im Sozialprodukt nicht erscheinen. Dann wieder gibt es Länder mit kleinem und effizientem Staatssektor, aber auch marginaler Schattenwirtschaft wie die Schweiz, in denen *beide* Effekte, das statistische Aufblähen durch den Staatssektor und das statistische Komprimieren durch die Schattenwirtschaft, kleiner sind als anderswo. Ob diese Fehler sich aber wirklich international im gleichen Umfang neutralisieren, weiß niemand so genau.

Das Problem der Vorleistungen

Hinter der Erfassung und Bewertung der binnen eines Jahres produzierten Güter und Dienstleistungen lauern als nächster Stolperstein die »Vorleistungen«. Angenommen, Robinson Crusoe erntet auf seiner Insel drei Zentner Getreide, für das er aber einen Zentner Saatgut braucht. Offenbar beträgt sein Sozialprodukt damit nicht drei Zentner, sondern nur zwei: Von der Bruttoproduktion sind die Vorleistungen abzuziehen.

Die Frage ist nur: was ist eine Vorleistung? Dieses Problem ist das kniffligste bei der Interpretation und Berechnung des Sozialproduktes überhaupt. Es wirft sogar einen philosophischen Schatten auf diese Materie, denn nach der reinen Lehre von Karl Marx sind etwa Kleidung und Ernährung der Lohnabhängigen nichts als Input im gesamtwirtschaftlichen Produktionsprozeß und damit von der Wertschöpfung (dem Mehrwert) abzuziehen.

Dieser Ansicht von Karl Marx konnten sich unsere Amtsstatistiker aber nicht anschließen. Sie ziehen vom Produktionswert eines Unternehmens nur die selbsterstellten bzw. von anderen *Unternehmen* gekauften, im Endprodukt verschwundenen Güter und Dienstleistungen ab. Die Dienste der Produktionsfaktoren Arbeit und Kapital zählen nach gängiger Praxis nicht dazu.

Vor allem bei der Staatsproduktion führt das wieder zu perversen Konsequenzen. So schätzen wir etwa die Dienste von Polizei, Justiz und Feuerwehr wohl kaum um ihrer selbst. Vielmehr wären die meisten von uns wahrscheinlich mehr als froh, wenn alle Menschen Engel wären oder wenn es keine Brände gäbe und wir Polizei und Feuerwehr überhaupt nicht bräuchten. Mit anderen Worten, dieser Aufwand ist eher als Vorleistung des Staates für das Funktionieren der Sozial-Gemeinschaft denn als eigenständiger Beitrag zu unserem Wohlstand anzusehen. Die Leistungen von Polizei, Justiz, Feuer- und Bundeswehr an sich will keiner haben; sie sind nur Inputs für das eigentlich Gewünschte – Friede, Ordnung, Sicherheit – und daher strenggenommen als Vorleistung vom Produktionswert abzuziehen.

Zur Zeit geschieht das jedoch nirgends auf der Welt – mit der Folge, daß z.B. eine Tankerkatastrophe mit Riesenumweltschäden oder ein Erdbeben, ein Tornado, ein kleiner Krieg oder eine Flutkatastrophe das Sozialprodukt erhöht: Die Schäden werden, falls überhaupt, nur unzureichend subtrahiert, die Arbeit der Retter und Helfer dagegen voll dem Produktionswert zugeschlagen.

Besonders aus diesem Grund, weil immer mehr eigentliche Vorleistungen die Zahlen aufblähen, ist die beliebte Gleichung »Sozialprodukt = Wohlstand« mit einem großen Fragezeichen zu versehen. Einerseits ist das Sozialprodukt zu klein, weil es viele nützliche Produkte ignoriert, an denen wir durchaus unsere Freude haben, andererseits aber auch zu groß, weil es viele Produkte mitzählt, die keiner haben will, und die besser als Vorleistungen anzusehen sind.

Als Maß der wirtschaftlichen Leistung hat das Sozialprodukt aber keine Konkurrenz zu fürchten. Nur sollten wir dabei bedenken, daß wirtschaftliche Leistung nicht gleich

Wohlstand ist. Wer die Kokosnüsse ißt, die von einer Palme fallen, leistet wirtschaftlich weniger als einer, der die Palme hochklettert und die Nüsse pflückt. Trotzdem lebt er vielleicht besser.

Denksportexkurs: Sozialprodukt, Inlandsprodukt und Volkseinkommen

Das Sozialprodukt mißt, wie schon sein Name sagt, die Produktion. Oder besser: den am Markt erzielten Wert der Produktion. Dieser Produktionswert, minus Vorleistungen aus anderen Unternehmen, heißt »Bruttowertschöpfung« eines Unternehmens. Die Summe dieser Bruttowertschöpfungen, plus der Beitrag des Staates, ist dann das Bruttosozialprodukt.

Die folgende Tabelle teilt einmal das westdeutsche Bruttosozialprodukt 1995 auf die verschiedenen Bereiche unserer Wirtschaft auf:

Bruttowertschöpfung nach Wirtschaftsbereichen (Milliarden DM)

Land- und Forstwirtschaft	35,8
Industrie und Handwerk	1 145,5
Handel und Verkehr	473,4
sonstige Dienstleistungsunternehmen	1 201,4
Staat	381,7
private Haushalte	94,7
Summe	3 332,5

Wir sehen, daß die vor zweihundert Jahren noch so dominierende Landwirtschaft heute kaum noch zum Sozialprodukt beiträgt, und daß neben der Industrie vor allem die Dienstleister (Banken, Versicherungen, Hotels, Verlage, Schulen, Ärzte, Künstler, Rechtsanwälte etc.) unser Sozialprodukt erzeugen (während der überraschend große Beitrag von 94 Milliarden Mark der privaten Haushalte vor allem die Aktivitäten der sogenannten Privaten Organisationen ohne Erwerbszweck wie Caritas oder Johanniter-Unfallhilfe mißt; die Arbeit unserer Hausmänner und Hausfrauen ist hier nicht dabei).

Leider ist in der obigen Summe eine wichtige Vorleistungskomponente, nämlich die Dienstleistungen unserer Banken, noch nicht abgezogen, weil Banken ihren Kunden nur einen kleinen Teil der Kosten über Gebühren unmittelbar berechnen; der weitaus größte Teil – im Jahr 1995 über 100 Milliarden Mark – wird quasi »heimlich« über die Differenz von Soll- und Habenzinsen einkassiert und ist in der obigen Rechnung nicht enthalten. Auf der anderen Seite sind aber Kosten abgezogen, nämlich Einfuhrzölle und Umsatzsteuer, die gar keine Vorleistungen im Sinn der Sozialproduktsberechnung sind. Addieren wir diese falschen Abzüge – im Jahr 1995 über 200 Milliarden Mark – zur obigen Summe noch dazu und ziehen die Vorleistungen der Banken ab, erhalten wir 3 457,4 Milliarden Mark. Diese Zahl wird auch »Bruttoinlandsprodukt« genannt (BIP).

Das Bruttoinlandsprodukt gibt, wie schon sein Name sagt, die Summe aller Wertschöpfungen im Inland an – also auch das, was ausländisches Kapital (Opel, Ford) und ausländische Arbeitskraft (sogenannte Einpendler; keine Gastarbeiter – die zählen als Inländer) im Inland produzieren. Ziehen wir auch noch diesen Auslandsbeitrag ab und addieren zum Ausgleich die von Inländern im Ausland produzierten Werte dazu, erhalten wir dann das Bruttoinländer – alias Bruttosozialprodukt (BSP), im Jahr 1995 für die Bundesrepublik zusammen 3 444,8 Milliarden Mark.

Für die meisten Länder gibt es kaum Unterschiede zwischen BSP und BIP. In der alten Bundesrepublik war jahrelang das BSP leicht höher, weil die Deutschen, vor allem über ihre Kapitalanlagen, netto etwas mehr im Ausland produzierten als umgekehrt Ausländer in der Bundesrepublik. Zuweilen, etwa bei den Ölstaaten des Persischen Golfs, klaffen hier aber große Lücken: dort übersteigt das BSP das BIP um bis zu 10 Prozent, und muß man bei Sozialproduktvergleichen auch das Kleingedruckte lesen.

Das Bruttosozialprodukt ist zugleich auch Ausgangspunkt für die Berechnung des »Volkseinkommens«. Dazu ziehen wir vom

BSP zunächst die Abschreibungen ab. Das Ergebnis heißt »Nettosozialprodukt« (korrekt: Nettosozialprodukt zu Marktpreisen) und betrug 1995 in Deutschland 2 991,8 Milliarden Mark. Es sagt uns, was die inländischen Wirtschaftssubjekte »am Markt« für ihre Produkte netto, nach Abzug der Abschreibungen insgesamt erlösen.

Es sagt uns aber nicht, was ihnen davon übrig bleibt. Dazu müssen wir noch die Umsatzsteuer abziehen und die Beute der Subventionskassierer, die einen Teil ihrer Einnahmen nicht von ihren Kunden, sondern aus dem Steuersäckel schöpfen, hinzuaddieren. Dieses Nettosozialprodukt zu Marktpreisen, minus indirekte Steuern, plus Subventionen, wird auch »Nettosozialprodukt zu Faktorkosten« genannt. Es betrug 1995 in Deutschland immerhin noch 2 620,0 Milliarden Mark. Seinen seltsamen Namen trägt es deshalb, weil es zugleich anzeigt, was die Produktion gekostet hat: Es ist die Summe aller Löhne und Gehälter – die Kosten des Produktionsfaktors Mensch – sowie der Zinszahlungen und Gewinne eines Jahres – die Kosten des Produktionsfaktors Kapital – und heißt deshalb auch »Volkseinkommen«: Nach dem Prinzip »des einen Ausgaben sind des anderen Einnahmen« gibt es an, was wir alle zusammen im Lauf eines Jahres durch unserer Hände und Köpfe Arbeit und durch Verzinsung unseres Vermögens eingenommen haben – und ist vor allem wegen dieser Interpretation zu dem Fetisch geworden, der es unbestreitbar heute ist.

Literatur

Die Technik der Sozialproduktberechnung wird in fast allen Lehrbüchern zur Wirtschaftsstatistik und »Volkswirtschaftlichen Gesamtrechnung« im Detail erklärt. Meine Favoriten sind hier der inzwischen mehrfach neu aufgelegte Klassiker von Alfred Stobbe: *Volkswirtschaftslehre 1: Volkswirtschaftliches Rechnungswesen* (Berlin 1966), und Peter von der Lippe: *Wirtschaftsstatistik* (5. Aufl. Stuttgart 1996). Im dritten Kapitel dieses letzten Buches sind sehr schön all die

Tricks und Kniffe aufgeführt, die unsere Amtsstatistiker in Wiesbaden bei der konkreten Berechnung des Sozialprodukts verwenden.

Mit dem im amtlichen Sozialprodukt so wenig gewürdigten Beitrag der privaten Haushalte zur Wirtschaftsproduktion setzt sich der Aufsatz von M. Hilzenbecher: »Die schattenwirtschaftliche Wertschöpfung der Hausarbeit« in den *Jahrbüchern für Nationalökonomie und Statistik* 1986 auseinander. Dort findet man auch Hinweise auf weitere Arbeiten zu diesem Problem. Der sonstigen Schattenwirtschaft nehmen sich ebenfalls eine ganze Reihe von Autoren an. Als erster Einstieg kann hier das Buch *Schattenwirtschaft* von Hannelore Weck und anderen dienen (München 1984). Auch die sonstigen Mängel des Sozialprodukts als Wohlstandsmaß werden seit langem heiß diskutiert und etwa in dem Buch von Christian Leipert: *Die heimlichen Kosten des Fortschritts* (Frankfurt 1989) ins Rampenlicht gerückt.

10. Saisonbereinigung

Das Schaubild auf der folgenden Seite zeigt die Erwerbstätigen in der Bundesrepublik Deutschland über 10 Jahre von Anfang 1988 bis Ende 1997 (Monatsdaten, alte Bundesländer). Wir erkennen deutlich zwei Muster, ein langfristiges, globales, und ein kurzfristiges, lokales. Das langfristige Muster sagt: Bis 1992 geht es mit der Beschäftigung bergauf, danach bergab. Das kurzfristige Muster sagt, daß dieser Konjunkturzyklus von einem jährlich immer gleichen Muster überlagert wird: Jedes Jahr von Februar bis Juni steigt die Beschäftigung, bekommt im Juli einen kleinen Knick, nimmt bis September nochmals zu und fällt dann wieder bis zum Januar des nächsten Jahres ab – immer wieder, Jahr für Jahr, und unabhängig vom globalen Trend.

Solche Muster findet man auch bei anderen Zeitreihen. Bekannte Beispiele sind die Auftragseingänge im Baugewerbe, das Volumen des Güterverkehrs auf unseren Straßen, die Preise von Kartoffeln und Apfelsinen, die Umsätze des Groß- und Einzelhandels, ja sogar Sterbefälle und Geburten weisen typische saisonbedingte Muster auf – ein ständiger Wechsel von Ebbe und Flut, Ebbe und Flut, jahrein, jahraus. In allen diesen Fällen ist es daher gut zu wissen, welcher Teil

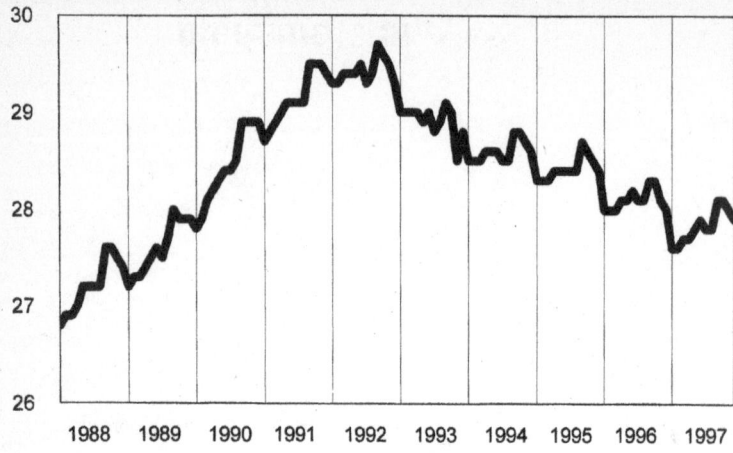

Zahl der Erwerbstätigen in der Bundesrepublik
(in Millionen)

eines Anstiegs oder Rückgangs dem Wechsel der Jahreszeiten anzulasten ist und welcher nicht.

Dieser Unterschied ist nicht nur für Statistiker von Interesse. Angenommen etwa, die Arbeitslosenquote nimmt von Januar auf Mai von 8 Prozent auf 7,5 Prozent ab. »Toll«, sagt jetzt vielleicht die Regierung, »unsere Wirtschaftspolitik hat sich bewährt, die Arbeitslosigkeit geht zurück.«

»Quatsch«, sagt die andere Partei, »daran ist nur das Wetter schuld. Wäre der Sommer nicht gekommen, hätten wir jetzt nicht 7,5, sondern mehr als 9 Prozent!«

Wer von beiden hat jetzt recht? Wetter oder Wirtschaftspolitik? Um diese Frage zu beantworten, muß man offenbar »Saisoneffekte« von »echten« Änderungen trennen. Als nächstes sehen wir uns daher an, wie man das auf simple Weise tut.

Gleitende Durchschnitte und Saisonfigur

Angenommen, uns liegt die folgende Reihe von Quartalsdaten vor (etwa Arbeitslosenzahlen; die Argumente lassen sich analog auf andere Größen und andere Frequenzen wie etwa Monatsdaten übertragen):

Hypothetische Arbeitslosenzahlen (quartalsweise)

Jahr	1	1	1	1	2	2	2	2	3	3	3	3	4	4
Quartal	I	II	III	IV	I	II	III	IV	I	II	III	IV	I	II
A.lose	116	100	92	100	108	100	92	100	116	108	100	100	112	108

Nach dieser Tabelle ist die Arbeitslosigkeit z.B. im letzten Quartal von 112 auf 108 gefallen. Ist das nun »echt« oder saisonbedingt?

Zunächst sehen wir mit bloßem Auge, daß ein Saisoneffekt tatsächlich existiert: In jedem Jahr hat die Reihe im ersten Quartal ein Maximum und im dritten Quartal ein Minimum, während die Quartale II und IV irgendwo dazwischen liegen. Aber wie groß ist dieser Saisoneffekt? Oder anders ausgedrückt: welcher Teil des Anstiegs in den Quartalen I und III, sowie des Abstiegs in den Quartalen II und IV, ist wirklich »echt«, und welcher Teil geht auf die Jahreszeit zurück?

Der erste Schritt zur Beantwortung dieser Frage sind die »gleitenden Durchschnitte« der Ausgangsreihe. Diese berechnet man wie folgt: Angefangen beim dritten Quartal im ersten Jahr bilden wir arithmetische Mittelwerte jeweils benachbarter Quartale. Diese Durchschnitte umfassen neben dem aktuellen Quartal die Quartale unmittelbar vorher und nachher, sowie die daran angrenzenden Quartale je zur Hälfte. Die allgemeine Formel ist

gleitender Durchschnitt =
(1/2 vorletztes Quartal + letztes Quartal + aktuelles Quartal +
nächstes Quartal + 1/2 übernächstes Quartal)/4

So haben wir, ganz gleich in welchem Quartal wir uns gerade befinden, immer alle Quartale von I bis IV voll im Zähler des gleitenden Durchschnitts stehen. Für das dritte Quartal des ersten Jahres erhalten wir so z.B. einen gleitenden Durchschnitt von

$$\frac{½ \times 116 + 100 + 92 + 100 + ½ \times 108}{4} = \frac{404}{4} = 101.$$

Genauso verfahren wir auch mit allen anderen Quartalen inklusive des vierten Quartals im dritten Jahr. Ab dann, d.h. für die beiden letzten Quartale unserer Zeitreihe, können wir keine gleitenden Durchschnitte mehr bilden, weil die nötigen Daten nicht mehr vollständig vorhanden sind.

Gleitende Durchschnitte sind sukzessive arithmetische Mittel benachbarter Zeitreihenwerte, wobei darauf zu achten ist, daß immer alle Quartale im Mittelwert vertreten sind.

In der nächsten Tabelle sind die so errechneten gleitenden Durchschnitte der Ausgangsreihe von Quartal 1.III bis Quartal 3.IV wiedergegeben (Spalte 4).

Man kann die gleitenden Durchschnitte in der vierten Spalte der Tabelle als erste Approximation für die von Saisoneinflüssen unberührte Zeitreihe ansehen. Leider helfen sie uns aber bei der Ausgangsfrage, nämlich ob die Arbeitslosigkeit im letzten Quartal »eigentlich« gestiegen ist oder nicht, nicht weiter: An den Rändern der Reihe, und damit auch am sogenannten aktuellen Rand, sind gleitende Durch-

Rohdaten, gleitende Durchschnitte und saisonbereinigte Zahlen

Jahr	Quartal	A.lose	gl.D.	Abw.	s.ber.
1	I	116	–	–	106,5
	II	100	–	–	99
	III	92	101	–9	99,83
	IV	100	100	0	102,67
2	I	108	100	8	98,5
	II	100	100	0	99
	III	92	101	–9	99,83
	IV	100	103	–3	102,67
3	I	116	105	11	106,5
	II	108	106	2	107
	III	100	105,5	–5,5	107,83
	IV	100	105	–5	102,67
4	I	112	–	–	102,5
	II	108	–	–	107

schnitte nicht berechenbar. Schließlich brauchen wir dafür sowohl die zwei zurückliegenden als auch die zwei folgenden Quartale, und letztere liegen natürlich am aktuellen Rand der Reihe noch nicht vor.

In der Tabelle ist daher auch schon die »saisonbereinigte Reihe« aufgeführt. Diese finden wir mittels eines Kunstgriffs namens »Saisonfigur«. Damit ist die mittlere Abweichung der Ausgangsdaten von den gleitenden Durchschnitten gemeint, und zwar je nach Quartal getrennt. Das liefert etwa für das erste Quartal einen Wert von

$$\frac{8 + 11}{2} = 9,5,$$

was wir so interpretieren, daß in Quartal Nr. I eines jeden Jahres der »saisonverseuchte« Wert der Reihe den »saisonbereinigten« Wert um 9,5 übersteigt. Oder anders ausgedrückt:

um von den Rohdaten auf die saisonbereinigte Reihe zu kommen, müssen wir in jedem ersten Quartal den Wert 9,5 von den Ausgangsdaten abziehen.

Genauso berechnen wir auch die Saisonkomponenten für die restlichen Quartale des Jahres und erhalten:

> Für das Quartal II: $(0 + 2)/2 = 1$
> Für das Quartal III: $(-9 - 9 - 8)/3 = -8,67$
> Für das Quartal IV: $(0 - 3 - 5)/3 = -2,67$

Diese vier Komponenten bilden die Saisonfigur, also den saisonbedingten Teil der Ausgangsreihe, der zur Saisonbereinigung von den Rohdaten abzuziehen ist. So erhalten wir eine alternative Approximation für die saisonunabhängige Trendkomponente, die jetzt auch die Ränder der Ausgangsreihe, also die ersten und die letzten beiden Quartale, überdeckt, mit dem Resultat, daß die »saisonbereinigte« im Gegensatz zur unbereinigten Arbeitslosigkeit am aktuellen Rand von 102,5 auf 107 *gestiegen* ist.

So wie hier geschieht im Prinzip auch jede andere statistische Saisonbereinigung. Genauso entscheiden unsere Amtsstatistiker in Wiesbaden auch über Saisoneffekte bei Verkehrsunfällen, Firmenpleiten, Schadstoffemissionen oder Bierkonsum. In jedem Fall wird zunächst aus den Rohdaten eine Saisonfigur extrahiert und diese dann aus den Rohdaten herausgerechnet. Dabei sind in der Praxis noch verschiedene kleinere Komplikationen zu bedenken, wie mögliche Verschiebungen der Saisonfigur im Zeitablauf oder im Fall von Monatsdaten sogenannte Kalendereffekte, aber das Grundprinzip bleibt immer gleich: Saisonfigur berechnen, von Ausgangsdaten abziehen, fertig. Die konkreten Prozeduren dabei können ganz schön trickreich sein, aber das Grundprinzip ist klar genug.

Literatur

Eine etwas tiefergehende Einführung in Saisonbereinigung als in diesem Kapitel liefern die meisten Lehrbücher der Statistik für Wirtschafts- und Sozialwissenschaftler, wie etwa G. Bamberg und F. Baur: *Statistik* (10. Aufl. München 1998). Im 6. Kapitel dieses Buches wird etwa eine Saisonbereinigung bei Monatsdaten mit variabler Saisonfigur gezeigt.

Weltweit am weitesten verbreitet ist heute wohl das sogenannte Census X-11-Verfahren des Bureau of the Census in den USA, mit dem etwa die Deutsche Bundesbank und die meisten Forschungsinstitute heute arbeiten. Eine kurze Beschreibung mit zahlreichen weiteren Literaturhinweisen findet man in den Monatsberichten der Deutschen Bundesbank (März 1970, S. 38-43). Besonders in Deutschland ist aber auch das in dem Buch von Nullau u.a.: *Das Berliner Verfahren: Ein Beitrag zur Zeitreihenanalyse* (Berlin 1969) dokumentierte Verfahren sehr beliebt. Alle diese Methoden unterscheiden sich von der in diesem Kapitel vorgestellten simplen Prozedur im wesentlichen nur durch unterschiedliche Nuancen bei der Gewichtung der gleitenden Durchschnitte und bei der Modellierung der Saisonkomponente. Für einen ersten Einstieg in diese Debatte ist auch der von K.A. Schäffer herausgegebene Sammelband *Beiträge zur Zeitreihenanalyse* (Göttingen 1976) recht empfehlenswert.

11. Bevölkerungsprognosen

Während ich diese Zeilen schreibe, leben rund 6 Milliarden Menschen auf der Welt, und jeden Tag kommen 300 000, eine Stadt der Größe von Bonn oder Mannheim, neu dazu. Im Jahr 2010 werden sich mehr als 7 Milliarden Menschen unseren Globus teilen, und wer von uns im Jahr 2020 noch lebt, wird dies vielleicht zusammen mit 10 Milliarden Mitbewohnern tun.

Manche Prognosen wagen sich sogar noch weiter in die Zukunft vor. Wenn man etwa der Weltbank glauben darf, werden im Jahr 2100 bis zu 15 Milliarden Menschen, dreimal soviel wie heute, die Erde bevölkern und quasi nebenbei auch die aktuellen Ränge der Nationen ganz schön durcheinanderwirbeln. Zur Zeit ist bekanntlich die Volksrepublik China mit knapp einer Milliarde Menschen das volkreichste Land der Welt, aber diesen Titel wird sie nicht mehr lange behalten. Die Tabelle auf der nächsten Seite gibt einmal die laut Weltbank 20 volkreichsten Länder der Erde im Jahr 2100 an.

Nach dieser Prognose wird also in 100 Jahren Indien mit dann 1,6 Milliarden Menschen vor China das volkreichste Land der Erde sein, gefolgt von Nigeria, das dann mehr

Menschen zählt als heute ganz Amerika, die UdSSR und Indonesien. Andere Länder dagegen wie Deutschland (heute Nr. 12), England (heute Nr. 16) oder Frankreich (heute Nr. 17) tragen dann – zumindest zahlenmäßig – kaum noch zum großen Chor der Völker bei.

Die volkreichsten Länder der Erde im Jahr 2100

Rang	Land	Bevölkerung (Mio.)
1	Indien	1 631,8
2	China	1 571,4
3	Nigeria	508,8
4	UdSSR	375,9
5	Indonesien	356,3
6	Pakistan	315,8
7	USA	308,7
8	Bangladesh	297,1
9	Brasilien	293,2
10	Mexiko	195,5
11	Äthiopien	173,3
12	Vietnam	168,1
13	Iran	163,8
14	Zaire	138,9
15	Japan	127,9
16	Philippinen	125,1
17	Tanzania	119,6
18	Kenia	116,4
19	Burma	111,7
20	Ägypten	110,5

Um das wichtigste Ergebnis dieses Kapitels gleich vorwegzunehmen: Solche Prognosen sind am besten mit der Feuerzange anzufassen. Schon jetzt ist etwa die Prognose der UdSSR-Bevölkerung veraltet, weil es keine UdSSR mehr gibt, oder haben sich Prognosen des Statistischen Bundesamtes aus den 80er Jahren, mit einer Wohnbevölkerung in Westdeutschland von weniger als 40 Millionen, im Licht dramatischer Aus- und Übersiedlungen als voreilig herausgestellt.

Trotzdem gehören Bevölkerungsprognosen, zumindest kurzfristige, zu den sichersten Prognosen überhaupt, da die meisten Menschen, die in 10 Jahren auf der Erde leben werden, heute schon geboren sind. Schon jetzt ist etwa abzusehen, daß man Lehrlinge in Deutschland bald mit der Lupe suchen wird, daß sich nach Jahren der Überfüllung auch die Universitäten wieder leeren werden, daß wir bald zu viele Kindergärten und zu wenig Altersheime haben, und daß unsere Rentenversicherung so wie gehabt nicht durchzuhalten ist. Im folgenden sehen wir uns deshalb die Mechanik solcher Prognosen etwas näher an.

Geburten- und Sterberaten

Ob eine Bevölkerung in einem Jahr wächst oder schrumpft, hängt allein von den sogenannten rohen Geburten- und Sterberaten ab. So wurden etwa 1995 in Deutschland 765 221 Kinder geboren – bei einer Bevölkerung von 81,8 Millionen eine Geburtenrate von 0,94 Prozent oder 9,4 pro Tausend. Dem stehen 884 588 Todesfälle gegenüber, was einer Sterberate von 10,8 pro Tausend entspricht. Netto nahm also die Wohnbevölkerung um 119 367 Personen oder 1,4 pro Tausend ab.

Die Tabelle auf der nächsten Seite zeigt Geburten- und Sterberaten für einige andere Länder dieser Welt (der besseren Vergleichbarkeit wegen durchweg für 1990). Wie wir

Rohe Geburten- und Sterberaten verschiedener Länder

Land	Rohe Geburtenrate (pro Tausend)	Rohe Sterberate (pro Tausend)
Ägypten	40,7	9,2
Indonesien	28,7	11,2
China	20,5	6,7
Brasilien	18,8	7,9
USA	15,9	8,8
Frankreich	13,8	9,4
Schweiz	12,5	9,3
Deutschland (neue BL)	11,9	12,4
Österreich	11,5	10,9
Deutschland (alte BL)	10,9	11,2
Japan	10,7	6,4

sehen, trägt die Bundesrepublik zusammen mit Japan das Schlußlicht der Geburtenfreudigkeit, während bei den Sterberaten Japan zusammen mit China die niedrigsten Zahlen vorweisen kann.

Leider sagen aber diese rohen Raten wenig aus. Erstens spiegeln sie nur die »natürliche« Bevölkerungsbewegung wider, bleiben also zu Wanderungen völlig stumm. Hier verzeichnet Deutschland 1995 einen Nettoüberschuß von 398 000 Personen, der die natürliche Bevölkerungsbewegung völlig in den Schatten stellt. Und zweitens lassen rohe Geburten- und Sterberaten auch ohne alle Wanderungen keine Schlüsse auf die Zukunft zu. Ein Überschuß der Sterbe- über die Geburtenrate muß nämlich keineswegs bedeuten, daß eine Bevölkerung langfristig schrumpft. Genausowenig folgt aus einem Überschuß der Geburten- über die Sterberate, daß eine Bevölkerung langfristig wächst.

Dafür hängen beide Raten zu sehr vom aktuellen Altersaufbau ab. Der aktuelle grobe Ausgleich von Geburten- und Sterberaten in der Bundesrepublik ist z.B. ein reines Kunstprodukt der geburtenstarken 60er Jahrgänge, also quasi eines Überangebots an potentiellen Müttern, und verschleiert so ein extremes Geburtendefizit. Um die deutsche Bevölkerung auf »natürliche« Weise auch nur konstant zu halten, wären fast doppelt so viele Geburten wie tatsächlich registriert erforderlich.

Genauso führen auch die rohen Sterberaten in die Irre. Wenn hier etwa Japan und China oder Ägypten und die Schweiz jeweils fast die gleichen Ziffern melden, dann nicht unbedingt, weil man in diesen Ländern vergleichbar gesund und lange lebt. Die extrem niedrigen rohen Sterberaten in China und Ägypten sind vielmehr ebenfalls ein statistisches Kunstprodukt, nämlich der großen Jugend der Bevölkerung. Wenn in einem Land drei Viertel aller Menschen jünger als 30 Jahre sind, wird dort auch dann kaum jemand sterben, wenn es mit Medizin und Hygiene nicht zum Besten steht.

Die Schaubilder auf den folgenden beiden Seiten vergleichen einmal den Altersaufbau der Bundesrepublik Deutschland mit dem einiger anderer Länder dieser Welt. Wir sehen, daß es hier große Unterschiede gibt, so daß Abweichungen bei Geburten- und Sterberaten sowohl auf »echte« Differenzen als auch auf Differenzen im Altersaufbau der Bevölkerung zurückzuführen sind.

Als Ersatz für die rohen Geburten- und Sterberaten hat man daher »standardisierte« Raten eingeführt, welche den Effekt der Altersstruktur aus den rohen Raten quasi herausdividieren. Dazu werden – um mit den Sterberaten anzufangen – die Gestorbenen zunächst auf Altersklassen aufgeteilt, mit dem Ergebnis, daß etwa im Jahr 1995 von 10 000 west-

Altersaufbau verschiedener Länder

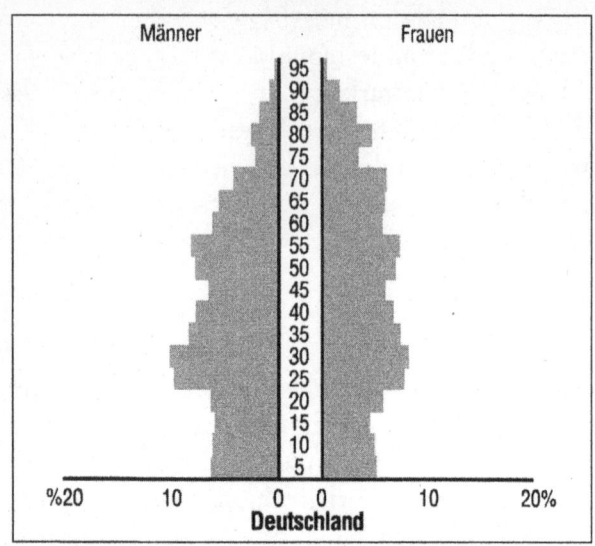

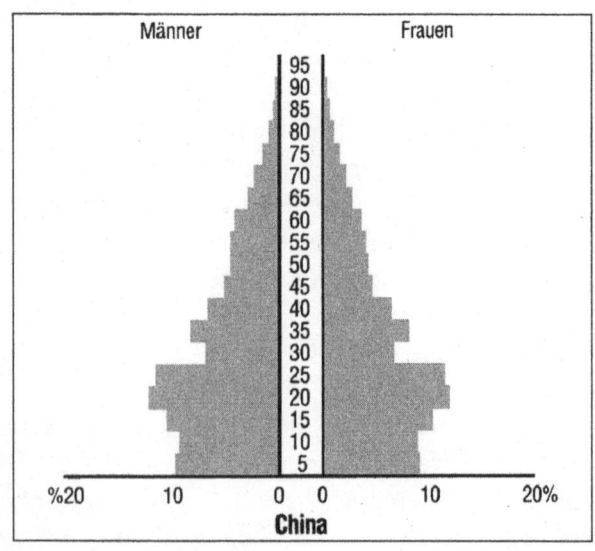

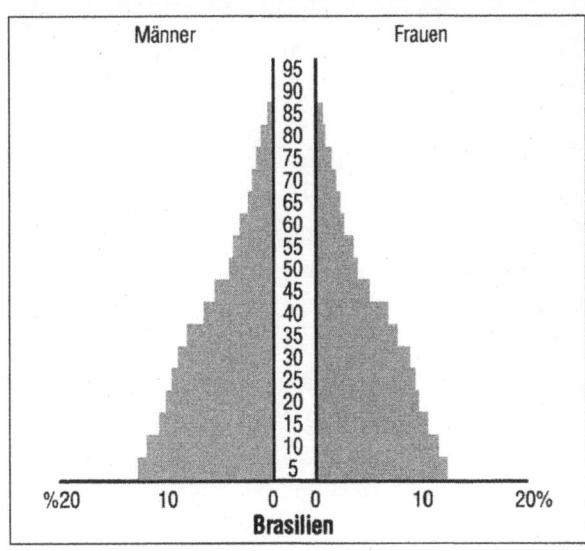

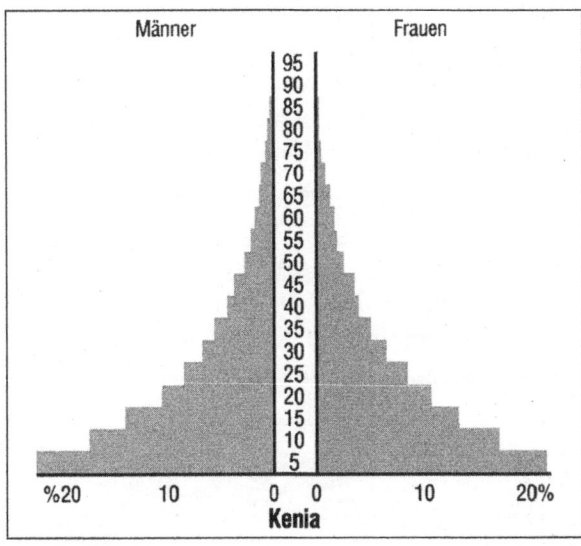

deutschen Männern in der Altersklasse 40-45 genau 29, oder von 10 000 Frauen in der Altersklasse 75-80 genau 384 gestorben sind. Diese Quoten berechnet man für alle Altersklassen und wendet sie dann auf eine immer gleiche, hypothetische Bevölkerung, etwa die deutsche Wohnbevölkerung des Jahres 1970, an. So vermeiden wir, daß etwa eine hohe Sterberate nur wegen einer überproportionalen Besetzung älterer Jahrgänge zustandekommt, oder daß eine niedrige Sterberate nur deshalb eine heile Welt suggeriert, weil es wie oft in der sogenannten Dritten Welt fast nur Jugendliche gibt.

Diese Alters-Standardisierung der Sterberate ist auch für die Einschätzung der Todesgefahr verschiedener Krankheiten ganz zentral. Wie wir etwa weiter unten in dem Kapitel zu Korrelation und Kausalität noch sehen werden, beruht ein großer Teil des Anstiegs der Krebssterblichkeit allein auf dem wachsenden Alter der Bevölkerung. Hätten wir heute die gleiche Bevölkerungspyramide wie vor 100 Jahren, so stürben wir heute auch seltener an Krebs.

Welcher Teil der gestiegenen Krebsmortalität auf der Altersstruktur und welcher Teil auf »echter« Krebsgefahr beruht, ist ein Problem für sich, dessen Lösung von der konkreten Wahl der Standardbevölkerung und verschiedenen weiteren Fragen wie Diagnosefehlern und sonstigen Erfassungsproblemen abhängt und uns hier nicht weiter interessieren soll. Wichtig ist allein, daß rohe Raten aller Art, die als Quoten mit der Gesamtbevölkerung im Nenner entstehen, für seriöse Vergleiche nicht zu gebrauchen sind.

Die Nettoreproduktionsrate

Für die Prognose der künftigen Bevölkerung brauchen wir neben den Sterbe- natürlich auch die Geburtenraten. Für das langfristige Wachstum sind diese sogar weit wichtiger. Aber auch hier nützen uns die »rohen« Zahlen nichts. Wie wir schon am Beispiel der Bundesrepublik gesehen haben, können rohe Geburtenraten nicht unterscheiden, ob wir wirklich viele Kinder haben oder ob gerade zufällig besonders viele Frauen in dem Alter sind, in dem sie Kinder kriegen können.

Die folgende Tabelle spaltet daher für verschiedene Länder die Geburten eines Jahres – meistens die des Jahres 1990 – nach dem Alter der Mutter auf. Sie zeigt die Zahl der Kinder, die »Geburtenziffern«, für jeweils 1 000 Frauen einer Altersklasse an. Da es kaum Frauen unter 15 und über 49 gibt, die Kinder bekommen, können wir sie in dieser Tabelle unterschlagen.

Wie die Tabelle zeigt, bekommen Frauen ihre Kinder in verschiedenen Ländern zu verschiedenen Zeiten; in den

Geburten pro tausend Frauen einer Altersgruppe

Land	Alter der Mutter							
	15-19	20-24	25-29	30-34	35-39	40-44	45-49	zus.
D (alte BL)	10,5	54,4	106,3	76,4	26,7	4,5	0,1	278,9
D (neue BL)	21,0	134,9	106,3	38,5	11,7	1,8	0,1	314,3
Schweiz	4,6	50,6	124,7	99,7	33,8	5,0	0,1	318,5
Österreich	21,3	87,3	102,5	57,7	20,6	3,9	0,1	293,4
Ägypten	31,0	173,9	308,0	258,7	177,8	69,3	7,8	1 026,5
USA	51,7	108,2	109,2	69,3	24,3	4,1	0,1	366,9

neuen Bundesländern etwa früher als in den alten und in den USA am frühesten. Von besonderer Bedeutung in dieser Tabelle ist aber die Summe in der letzten Spalte. Sie heißt »zusammengefaßte Geburtenziffer«, nachdem wir sie vorher noch mit 5 multipliziert haben, weil jede Frau 5 Jahre in jeder Altersklasse bleibt. Diese zusammengefaßte Geburtenziffer sagt uns, wieviele Kinder 1 000 Frauen im Lauf ihres Lebens haben werden, wenn die altersspezifischen Geburtenziffern so bleiben wie sie sind, und allein sie und nicht die rohe Geburtenrate entscheidet, ob eine Bevölkerung langfristig wächst oder schrumpft. Für die Bundesrepublik (alte BL) erhalten wir so eine zusammengefaßte Geburtenziffer von $5 \times 278,9 = 1\,394,5$; für Ägypten dagegen eine zusammengefaßte Geburtenziffer von 5 132,5. Diese Zahlen können wir auch so interpretieren, daß eine deutsche Frau im Laufe ihres Lebens im Mittel 1,39 Kinder, eine ägyptische Frau dagegen 5,13 Kinder haben wird.

Strenggenommen müssen wir dabei auch noch bedenken, daß nur Frauen Kinder kriegen können, bis heute wenigstens, und daß einige Mädchen – eine von tausend etwa in der Bundesrepublik – vor ihrem 15. Geburtstag sterben werden. Mit anderen Worten, 1 000 Frauen müssen etwas mehr als 1 000 Mädchen gebären, um die Generation der Mütter zu ersetzen. Bei weniger als 1 000 Mädchen nimmt die Bevölkerung langfristig ab, und bei mehr als 1 000 Mädchen nimmt die Bevölkerung langfristig zu.

Diese hypothetische Zahl der Mädchengeburten pro tausend Frauen – vorausgesetzt, die Geburtenziffern und die Überlebenswahrscheinlichkeiten bleiben, wie sie sind – ist die Zahl, die letztlich über die Zukunft einer Bevölkerung entscheidet. Sie heißt »Nettoreproduktionsrate« und liegt für die Bundesrepublik derzeit unter

$$\frac{700}{1000} = 0{,}7.$$

Bei Fortbestand dieser Rate, d.h. bei gleichbleibenden Geburtenziffern und Überlebenswahrscheinlichkeiten, liegen
Größe und Struktur der Bevölkerung von heute ab für alle
Zeiten fest: die Überlebenswahrscheinlichkeiten legen fest,
wieviele Frauen in welchem Alter nächstes Jahr in den Gren-
zen eines Landes leben werden, die Geburtenziffern legen
fest, wieviele Kinder diese haben, und das Jahr für Jahr und
Generation für Generation, solange diese Zahlen sich nicht
ändern. Die Struktur, also der Altersaufbau der Bevölkerung
nähert sich dabei immer mehr einem sogenannten stabilen
Endzustand, der für den Fall der Bundesrepublik in einem

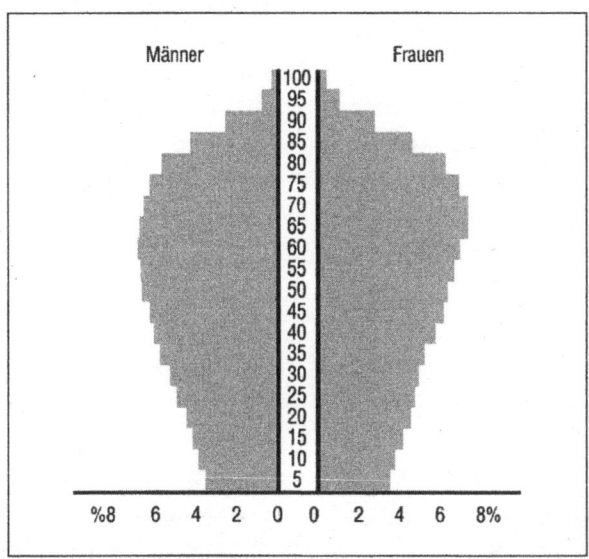

*Stabile (stationäre) Bevölkerung für Deutschland, wenn die
aktuellen Geburten- und Sterberaten sich nicht ändern*

Schaubild wiedergegeben ist. Wie wir sehen, ist auf lange Sicht bei Männern wie bei Frauen die Altersklasse der 60 – 70jährigen am stärksten belegt, fast doppelt so stark wie die der Kinder unter 10, und der Anteil der über 65jährigen wächst auf mehr als 30 Prozent.

Das Wort »stabil« in »stabiler Bevölkerung« heißt nicht, daß die Größe der Bevölkerung sich nicht ändert. Es bedeutet nur, daß die *Proportionen* der Altersklassen und Geschlechter für alle Zeiten festgeschrieben sind, daß also im Falle der Bundesrepublik der Anteil der über 60jährigen an der Gesamtbevölkerung immer 30 Prozent betragen wird, ganz gleich, wie groß oder klein diese Gesamtbevölkerung auch ist.

Von dieser abstrakten Gestalt der stabilen Bevölkerungspyramide ist deren Größenveränderung im Zeitablauf, d.h. deren langfristiges Wachsen oder Schrumpfen, streng zu trennen. Auch diese Wachstumsfaktoren sind durch die Geburten- und Sterbeziffern eindeutig festgelegt. Der ursprüngliche Altersaufbau spielt dagegen verblüffenderweise keine Rolle: Unabhängig von Ausgangspyramide oder Ausgangspilz streben die jährlichen Wachstumsraten, wie man in der mathematischen Demographie leicht zeigen kann, *immer* den gleichen, nur durch Geburten- und Sterbeziffern festgelegten Werten zu.

Dieser langfristige Grenzwert der jährlichen Wachstumsraten hat für die Bundesrepublik den Wert -1,31 Prozent. Um genau diesen Satz nimmt eine Bevölkerung mit unseren aktuellen deutschen Geburten- und Sterbeziffern langfristig jährlich ab. Dem entspricht eine, wenn man so will, »Halbwertzeit« von 53 Jahren. So lange dauert es, bis sich die Bevölkerung halbiert. Wenn wir einmal annehmen, daß diese Rate zu wirken beginnt, wenn sich die Altersstruktur dem stabilen Zustand ausreichend genähert hat, also in rund hundert Jahren, so haben wir Mitte des nächsten Jahrtausends die Bevölkerungsdichte der Steinzeit erreicht, und Ende des nächsten Jahrtausends muß sich niemand auf der Welt mehr vor den Deutschen fürchten, weil dann kaum mehr als tausend davon übrig sind.

Natürlich sind diese Rechnungen völlig hypothetisch. Kein Mensch weiß, wohin sich künftige Geburtenziffern bewegen werden, und auch von Wanderungen, die von Jahr zu Jahr an Bedeutung zunehmen, habe ich bei diesen Spekulationen völlig abgesehen. Trotzdem sind solche arithmetischen Fingerübungen auf morbide Weise interessant.

Literatur

Eine gute Einführung in die Populationsdynamik – für Profis, die sich vor Mathematik nicht scheuen – liefern die Bücher von Gustav Feichtinger: *Demographische Analyse und populationsdynamische Modelle* (Berlin 1977) und Peter Pflaumer: *Methoden der Bevölkerungsvorausschätzung unter besonderer Berücksichtigung der Unsicherheit* (Berlin 1988). Eher an das allgemeine Publikum richtet sich das Buch *Stehplatz für Milliarden?* von Heinrich v. Loesch (Stuttgart 1977).

12. Mortalität und Lebenserwartung

In der Steinzeit wurde ein neugeborener Säugling im Durchschnitt keine 30 Jahre alt. Und das war noch viel: Wenn man Grabfunden aus dem alten China glauben darf, lebten die meisten Menschen dort nur halb so lang. Erwachsen werden, so wie wir das heute kennen und für selbstverständlich halten, war für die weitaus meisten der rund 100 Milliarden Menschen, die jemals das Licht unserer schönen Erde erblicken durften, eine große Seltenheit.

Erst in allerjüngster Zeit hat sich dieses Bild geändert, dafür aber gleich rasant. Denn in kaum hundert Jahren hat sich unsere Lebenserwartung von nur 36 Jahren noch zu Zeiten Bismarcks auf über 72 Jahre bei Männern und auf über 78 Jahre bei Frauen im Jahr 1995 mehr als verdoppelt, und hat seither nochmals zugenommen. Und das ist durchaus noch kein Weltrekord, wie die nachfolgende Tabelle zeigt.

Überall auf der Welt leben die Menschen heute länger, zum Teil erheblich länger als noch vor 100 Jahren, und überall – außer in Indien – leben Frauen länger als Männer, am längsten in Japan und der Schweiz.

In diesem Kapitel sehen wir uns den Maßstab, mit dem wir diese Länge unseres Erdendaseins messen, nämlich die berühmte Lebenserwartung, etwas näher an.

Lebenserwartung in ausgewählten Ländern

Land	Männer	Frauen
Indien	47,0	44,0
Kenia	51,0	55,0
Indonesien	54,6	57,4
Thailand	62,0	66,0
Brasilien	62,0	67,0
USA	71,4	78,6
Österreich	72,0	78,6
Frankreich	72,0	80,3
Deutschland	73,0	79,5
Australien	73,0	79,6
Schweiz	73,9	80,7
Schweden	74,0	80,0
Japan	75,5	81,3

Die Sterbetafel

Der Ausgangspunkt der Lebenserwartung ist die sogenannte Sterbetafel (im Englischen etwas fröhlicher auch »life table« genannt). Damit ist eine Tabelle gemeint, die für alle Mitglieder eines Geburtsjahrganges zeigt, wieviele davon nach 1, 2, 3, 10, 20, 30 ... Jahren noch am Leben sind. Solche Sterbetafeln kann man für alle Lebewesen aufstellen, nicht nur für Menschen. Um die Mechanik dahinter besser zu verstehen, sehen wir uns daher zunächst eine einfache Sterbetafel für 10 neugeborene Meerschweinchen an. Sie zeigt, wieviele davon nach 1, 2, 3 und 4 Jahren noch leben:

Die Lebenserwarung eines Meerschweinchens ist nun nichts anderes als die mittlere Zahl von Jahren (im Sinn des

Jahr	von 10 noch am Leben
1	8
2	7
3	4
4	0

gewöhnlichen arithmetischen Mittels), die unsere 10 Meerschweinchen am Leben bleiben. Mangels weiterer Informationen unterstellen wir dabei, daß die in einem bestimmten Jahr gestorbenen Tiere genau die Hälfte des Jahres überleben und erhalten:

- für die zwei im ersten Lebensjahr gestorbenen Meerschweinchen eine Lebenszeit von zusammen 2 × 0,5 = 1 Jahr.
- für das im zweiten Jahr gestorbene Meerschweinchen eine Lebenszeit von 1,5 Jahren.
- für die drei im dritten Jahr gestorbenen Meerschweinchen eine Lebenszeit von zusammen 3 × 2,5 = 7,5 Jahren.
- und für die letzten 4 Meerschweinchen eine Lebenszeit von zusammen 4 × 3,5 = 14 Jahren.

Insgesamt haben unsere 10 Meerschweinchen damit 24 Jahre gelebt, jedes im Mittel 2,4, und das ist auch schon die Lebenserwartung eines Meerschweinchens.

Strenggenommen hätten wir in unserem Beispiel die exakten Überlebenszeiten messen müssen – für die beiden im ersten Jahr gestorbenen Tiere sagen wir 40 und 198 Tage –, statt jeweils den Tod auf die Mitte des Jahres zu verlegen. Durch diese Unterstellung weicht die per Sterbetafel errechnete Lebenserwartung leicht vom wahren Mittelwert der Überlebenszeiten ab, aber diese Diskrepanz kann man für alle praktischen Zwecke vernachlässigen.

Genauso berechnen wir auch die Lebenserwartung für uns selbst. Bei Menschen wie bei Meerschweinchen ist die Lebenserwartung nichts anderes als die mittlere Zeit, die ein Exemplar der Spezies lebt. Einige sterben früher, einige sterben später, aber im Durchschnitt bleibt die Uhr genau bei der Lebenserwartung stehen.

Die Lebenserwartung eines Lebewesens ist die mittlere Zeit, die ein Vertreter oder eine Vertreterin der Gattung lebt, wobei der Durchschnitt als gewöhnliches arithmetisches Mittel über alle Individuen gebildet wird.

Von zentraler Bedeutung ist dabei natürlich, über welche Gruppe wir den Durchschnitt bilden. Die deutsche Amtsstatistik etwa geht zur Zeit von zwei Gruppen von je 100 000 neuen Erdenbürgern und -bürgerinnen aus, deren Lebensschicksal die Sterbetafel auf der gegenüberliegenden Seite abgekürzt zusammenfaßt.

Diese Sterbetafel heißt »abgekürzt«, weil wir nur alle 5 Jahre nachzählen, wieviele der 100 000 Neugeborenen noch leben. Ansonsten stimmt sie mit der aktuellen »offiziellen«

deutschen Sterbetafel überein. Insbesondere rechnen wir mit dieser Sterbetafel leicht unsere Lebenserwartung aus: Bei den Männern sehen wir, daß 765 von 100 000 noch vor ihrem 5. Geburtstag sterben. Falls wir wie gehabt unterstellen, daß diese im Mittel genau 2,5 Jahre leben, haben diese 765 Männer bzw. Kinder zusammen 765 × 2,5 = 1912,5 Jahre auf dieser Welt verbracht. Auf die gleiche Weise rechnen wir auch für alle anderen Altersklassen die gelebten Jahre zusammen und kommen auf insgesamt 7 299 000 Jahre bei Männern und 7 949 000 Jahre bei Frauen, oder 72,99 Jahre Lebenszeit für jeden Mann und 79,49 Jahre Lebenszeit für jede Frau.

Deutsche Sterbetafel 1993/95 (abgekürzt)
Von 100 000 Neugeborenen erreichen das nebenstehende Alter

Alter	Männer	Frauen
5	99 235	99 394
10	99 146	99 325
15	99 052	99 257
20	98 676	99 096
25	98 171	98 927
30	97 677	98 737
35	97 024	98 447
40	96 064	98 002
45	94 675	97 266
50	92 579	96 160
55	89 392	94 530
60	84 511	92 165
65	76 992	88 395
70	66 680	82 574
75	53 053	73 175
80	36 980	59 095
85	20 331	39 713
90	7 812	19 244
100	0	0

Üblicherweise läßt man bei diesen Rechnungen alle 99-jährigen im 100. Jahr des Lebens sterben. Da heute wie zu allen Zeiten nur wenige Mitglieder eines Geburtsjahrgangs dieses Alter überhaupt erreichen, und dieser Anteil trotz steigender Lebenserwartung kaum zunimmt, berührt diese Unterstellung das Endergebnis nur am Rand.

Kohorten- versus Querschnittssterbetafeln

Bisher haben wir ein ganz zentrales Problem völlig ausgeklammert, nämlich wie wir wissen, welches Schicksal die 100 000 Babys unserer Sterbetafel erwartet. Die wahre Lebenserwartung eines Geburtsjahrgangs – einer »Kohorte«, wie die Demographen sagen – kennen wir doch erst, wenn der oder die letzte davon gestorben ist. Erst dann wissen wir genau, wieviele Neugeborene 10, 20 oder 30 Jahre alt geworden sind, d.h. erst nach dem Tod des letzten Kohortenmitglieds stehen Sterbetafel und Lebenserwartung der Kohorte fest.

Wenn wir also aufgrund der obigen Sterbetafel sagen: »Ein neugeborener männlicher Säugling des Jahres 1995 wird im Mittel 73 Jahre alt«, so ist das fast sicher falsch. Er und mit ihm alle anderen 300 000 männlichen Neugeborenen des Jahres 1995 werden vermutlich im Mittel keine 73, sondern mehr als 75 oder sogar 80 Jahre alt (falls bis dahin die Welt nicht untergeht). Ich bin fest davon überzeugt, daß ein Demograph des Jahres 2100, der den Geburtsjahrgang 1995 rückverfolgt und dessen wahre Sterbetafel konstruiert, eine Lebenserwartung errechnen würde, die beträchtlich *über* der aktuellen amtlichen Ziffer von 73 bzw. 79,5 Jahren liegt.

Aus naheliegenden Gründen sind solche Kohortensterbetafeln aber zur Berechnung der Lebenserwartung noch lebender Menschen nicht sehr praktikabel. Ersatzweise unterstellen wir daher, daß auch in Zukunft die Wahrscheinlichkeit, in einem gegebenen Alter zu sterben, die gleiche bleibt, die sie heute ist. Mit anderen Worten, die obige Sterbetafel geht davon aus, daß auch in Zukunft der gleiche Prozentsatz aller 40jährigen Männer 45 wird, oder daß auch weiterhin prozentual genauso viele 20jährige Frauen ihren 30. Geburtstag erleben wie wir das aktuell beobachten.

Diese »altersspezifischen Überlebenswahrscheinlichkeiten« berechnet man im wesentlichen als

$$1 - \frac{\text{Anzahl Gestorbener in Altersgruppe}}{\text{Mittlere Stärke der Altersgruppe}},$$

wobei uns die statistischen Feinheiten dieser Rechnung nicht zu interessieren brauchen. Wichtig ist allein, daß alle Überlebens- und Sterbewahrscheinlichkeiten der amtlichen Sterbetafel auf den Todesfällen einiger weniger Jahre beruhen. Wenn wir also in der Sterbetafel lesen, 1 389 von 96 064 oder 1,4 Prozent aller 40jährigen Männer würden keine 45 Jahre alt, so heißt das zunächst nur, daß im Durchschnitt dieser Jahre 1,4 Prozent aller Männer zwischen 40 und 45 vor ihrem 45. Geburtstag gestorben sind. Es bedeutet *nicht,* daß 1,4 Prozent aller 40jährigen Männer, die jetzt diese Zeilen lesen, keine 45 Jahre werden. Denn diese Wahrscheinlichkeit kennt zur Zeit nur der liebe Gott allein, und ich vermute, daß sie kleiner ist als 1,4 Prozent.

Die Kohorte der 100 000 Männer (100 000 Frauen ebenso), deren Schicksal die amtliche deutsche Sterbetafel nachzeichnet, ist also rein synthetisch hergestellt. Sie ist nur dann für real existierende Geburtsjahrgänge relevant, wenn deren Sterberaten denen gleichen, die beim Erstellen der Sterbetafel im Querschnitt aller Altersklassen beobachtet worden sind, und ansonsten reine Spekulation.

In demographisch ruhigen Zeiten kann man diese Spekulation aber durchaus als Approximation für die Wahrheit nehmen: Trotz leichter Unterschätzung der wahren Lebenserwartung stimmen die mittels dieser »Querschnittssterbetafel« errechneten Überlebens- und Sterbewahrscheinlichkeiten mit den tatsächlichen Überlebens- und Sterbewahrscheinlichkeiten recht gut überein. Anders dagegen in Zeiten von Seuchen oder Krieg. So hätte etwa ein mittelalterlicher Demograph nach einer Pestepidemie paradoxerweise einen *Anstieg* der Lebenserwartung konstatiert: Da die Pest überdurchschnittlich viele Kranke und Schwache hinweggerafft hat, sind die Überlebenden natürlich im Durchschnitt von robusterer Konstitution, so daß in den ersten Jahren nach der Seuche in allen Altersklassen prozentual weniger Menschen als vorher sterben, und eine aus diesen Sterbe- bzw. Überlebenswahrscheinlichkeiten konstruierte Querschnittssterbetafel einen rasanten Anstieg der Lebenserwartung konstatieren wird.

Dieser Anstieg ist aber ein reines statistisches Kunstprodukt, eine Folge des vorübergehend unnatürlich hohen Anteils gesunder Menschen, und sagt nichts über die tatsächliche Lebenserwartung von Menschen aus, die nach der Pestepidemie geboren werden.

Genau den umgekehrten Effekt hatte der 2. Weltkrieg für die Sterbetafeln in der UdSSR und Deutschland. In beiden Ländern beobachtete man in den 60er und 70er Jahren einen enttäuschend kleinen Anstieg bzw. in der UdSSR sogar einen Rückgang der Lebenserwartung für Männer. In

Deutschland hat dies vielerlei Spekulationen über unseren Lebenswandel und den Untergang des Abendlandes angeregt; in der UdSSR hat man das in totalitären Systemen Übliche getan und die Publikation der peinlichen Zahlen einfach eingestellt. In Wahrheit war dieser Rückgang der Lebenserwartung aber genau wie der Anstieg nach der Pest ein reines statistisches Kunstprodukt, eine Folge der Tatsache, daß in beiden Ländern viele gesunde Männer im Krieg gefallen und dadurch nach dem Krieg die Querschnittssterberaten eine Zeitlang höher als anderswo gewesen sind. Die »wahre« Lebenserwartung ist in beiden Ländern vermutlich weiter angestiegen, nicht langsamer und nicht schneller als sonstwo auf der Welt.

Überlebenswahrscheinlichkeiten und fernere Lebenserwartung

Von den eben angesprochenen Komplikationen abgesehen, können wir aber die Sterbetafel 1993/95 als gute Approximation für unser eigenes wahrscheinliches Lebensschicksal und das der übrigen Bewohner unseres Landes nehmen. So sehen wir z.B., daß mehr als die Hälfte aller Männer heute älter als 75 Jahre und mehr als die Hälfte aller Frauen sogar älter als 80 Jahre werden, oder formal, daß der Median unserer Lebensspanne jenseits von 75 bzw. 80 Jahren und damit auch jenseits des arithmetischen Mittels liegt, das ja per Konstruktion gleich der Lebenserwartung ist.

Auch andere Überlebens- und Sterbewahrscheinlichkeiten lassen sich unmittelbar aus der Sterbetafel ablesen. Wenn wir etwa wissen wollen, mit welcher Wahrscheinlichkeit ein 60jähriger Mann auch 80 wird, brauchen wir nur die Zahl der 80jährigen durch die Zahl der 60jährigen zu teilen. Das Ergebnis von

$$\frac{36\,980}{84511} = 43,8\%$$

ist dann der Anteil der 60jährigen, die noch mindestens 20 weitere Jahre überleben, alias die bedingte Wahrscheinlichkeit, daß ein Mann zumindest 80 wird, vorausgesetzt er hat das Alter von 60 schon erreicht. Und wenn eine 30jährige Leserin dieser Zeilen sich für die Wahrscheinlichkeit interessiert, daß sie mindestens noch 60 wird, erhält sie die beruhigende Antwort 93,3 Prozent – das Resultat, wenn man die Zahl der 60jährigen Frauen durch die Zahl der 30jährigen Frauen teilt.

Auch das zahlenmäßige Verhältnis der Geschlechter wird durch die Sterbetafel schön ins Rampenlicht gerückt. Wenn wir einmal unterstellen, daß langfristig etwa gleichviele Jungen wie Mädchen geboren werden, sind nach obiger Sterbetafel in allen Altersklassen Frauen in der Überzahl, und dieses Übergewicht nimmt mit wachsendem Alter stetig zu: Teilen sich etwa noch 1,02 40jährige Frauen einen 40jährigen Mann, so ist dieses Zahlenverhältnis im Rentenalter 65 schon auf 88:77 angewachsen und erreicht bei 85jährigen Frauen und Männern einen Wert von 40 : 20 oder mehr als 2 : 1.

Und schließlich erlaubt die Sterbetafel noch die Berechnung der sogenannten Restlebenserwartung, gegeben man hat ein bestimmtes Alter schon erreicht. Bei einer Lebenserwartung bei Geburt von 73 Jahren hat z.B. ein 40jähriger Mann im Mittel nicht 32 weitere Jahre vor sich, wie viele glauben, sondern mehr: Wenn wir die von allen 96 064

40jährigen Männern noch verlebten Jahre aufaddieren und durch 96 064 teilen, errechnet sich ein Wert von 35,0 – das heißt drei Jahre mehr.

Diese »Restlebenserwartung« läßt sich für jedes Alter genauso berechnen wie die »normale« Lebenserwartung auch: man addiert die insgesamt verlebten Jahre auf und teilt durch die Zahl der Menschen in der Ausgangsgruppe. Für 65jährige Männer erhalten wir so eine Restlebenserwartung von 15 und für 65jährige Frauen eine Restlebenserwartung von 18 Jahren, und selbst 90jährige können im Mittel noch mit mehr als drei weiteren Jahren auf dieser schönen Erde rechnen.

Denksport-Exkurs: Wie lange würden wir leben, wenn es keinen Krebs mehr gäbe?

Die Sterbetafel mit ihren Überlebenswahrscheinlichkeiten erlaubt noch eine Reihe weiterer Spekulationen. Z.B. können wir einmal hypothetisch fragen: »Um wieviel würde unsere Lebenserwartung steigen, wenn es keinen Krebs mehr gäbe? Um wieviel länger könnten wir im Durchschnitt leben, wenn alle Menschen, die heute und in Zukunft an Krebs erkranken, durch ein Wunder oder eine neue Medizin gerettet würden?«

Das Ergebnis wird viele überraschen. Es ist nämlich weit kleiner als man gemeinhin glaubt. Dazu stellen wir uns vor, daß all die Risiken, die uns nach dem Leben trachten, wie Krebs, Herzkrankheiten, Unfälle, Mord und Totschlag, AIDS, Alzheimer etc. quasi an einem Tisch zusammensitzen und um unser Leben sozusagen würfeln. Der Würfel habe 100 Seiten und die kleinste Zahl gewinnt. Angenommen etwa, Krebs würfelt 49, Mord und Totschlag 25, Unfall 80, Herz-Kreislauf 75 und AIDS 58. Dann wird diese

Person mit 25 durch Mord und Totschlag sterben. Würde sie nicht ermordet, stürbe sie mit 49 an Krebs, und wäre auch diese Ursache ausgeschlossen, mit 58 an AIDS, dann mit 75 an einem Herzleiden und schließlich mit 80 durch einen Verkehrsunfall.

Das Alter, das ein Mensch erreicht, bevor er stirbt, ist also die bei diesem makabren Spiel erzielte minimale Augenzahl. Die Ursache, an der er stirbt, ist der Spieler bzw. das Risiko, welches diese Zahl gewürfelt hat. So gesehen können wir also unsere Ausgangsfrage wie folgt umformulieren: »Um wieviel steigt der mittlere Wert des Minimums in diesem Spiel, wenn das Risiko ›Krebs‹ vom Würfeln ausgeschlossen wird?«

Diese Sicht der Dinge mag dem einen oder anderen vielleicht zynisch erscheinen; ich halte sie für durchaus legitim, denn sie erinnert uns daran, daß wir alle sterblich sind und trotz aller Fortschritte der Medizin auch immer sterblich bleiben werden. Auch wenn es keinen Krebs mehr gäbe, müßten wir trotzdem – wenn auch an einer anderen Krankheit – eines Tages sicher sterben. Die Frage ist allein, welches diese Krankheit ist und wieviel Extra-Jahre uns die Elimination einer bestimmten Todesursache im Durchschnitt schenkt.

Bei der Antwort auf die letzte Frage hilft uns die mathematische Theorie der »konkurrierenden Risiken«. Dazu brauchen wir zunächst für jede Altersklasse der Sterbetafel den Anteil der an anderen Ursachen als Krebs gestorbenen unter den Gestorbenen insgesamt. Nennen wir diesen Anteil einmal A. Die zweite Zutat, wiederum für jede Altersklasse getrennt, ist die alte Überlebenswahrscheinlichkeit, d.h. die Wahrscheinlichkeit, daß eine Person, die den Anfang einer Klasse erreicht, bis zum Klassenende überlebt. Dann liefert uns die Theorie der konkurrierenden Risiken den folgenden Zusammenhang:

neue Ü.-Wahrscheinlichkeit = (alte Ü.-Wahrscheinlichkeit)^A.

Sehen wir uns diese Formel am Beispiel der 40-45jährigen Männer einmal näher an. Von den Männern, die in dieser Altersklasse sterben, sterben 24,8 Prozent an Krebs. Damit sterben 75,2 Prozent der Gestorbenen *nicht* an Krebs, und unsere Konstante A hat den Wert 0,752. Die alte Überlebenswahrscheinlichkeit beträgt laut Sterbetafel

$$\frac{94\,657}{96\,064} = 0,9854,$$

und die neue Überlebenswahrscheinlichkeit ohne Krebs damit

$$0,9854^{0,752} = 0,9890.$$

Das ist *nicht* die gleiche Zahl, die wir unter der Annahme erhalten würden, alle an Krebs Gestorbenen würden bis zum Alter 45 überleben. Vielmehr ist die obige Zahl etwas kleiner, weil einige der vor dem Krebstod geretteten schon vor ihrem 45. Geburtstag an etwas anderem sterben würden.

Genauso berechnen wir auch für alle anderen Altersgruppen die neuen Überlebenswahrscheinlichkeiten, setzen diese in eine neue Sterbetafel ein, und rechnen mit den üblichen Methoden die neue Lebenserwartung aus. Das Ergebnis ist, daß dann ein Mann im Durchschnitt 76 statt 73 Jahre, und eine Frau 82 statt 79 Jahre lebt, d.h. daß die vollständige Elimination von Krebs die Lebenserwartung nur um drei Jahre verlängert.

Bei der Elimination anderer Krankheiten bzw. Risiken ist der Anstieg der Lebenserwartung sogar noch kleiner: 7 Monate bei Wegfall aller Krankheiten der Atemwege, 7 Monate bei Wegfall aller Krankheiten der Verdauungsorgane, 5 Monate bei Elimination aller Verkehrsunfälle etc. Diese Zahlen beziehen sich auf Männer. Bei Frauen sind sie nochmals etwas kleiner. Am größten, nämlich 7 Jahre, wäre der Anstieg der Lebenserwartung bei der Elimination von Herzkrankheiten, aber sterben müßten wir auch dann.

Literatur

Die demographische Geschichte der Menschheit wird in dem schönen, leider in Deutschland nur schwer erhältlichen Buch der beiden Ungarn G. Ascadi und J. Nemeskeri: *History of Human Life and Mortality* (Budapest 1970) fesselnd nacherzählt. Speziell zur demographischen Revolution der jüngeren Neuzeit siehe auch Artur Imhoff: *Die gewonnenen Jahre. Von der Zunahme unserer Lebensspanne seit 300 Jahren* (München 1981). Beide Bücher richten sich an ein allgemeines Publikum und kommen weitgehend ohne Fachchinesisch aus.

Für Experten, die sich mit der scheinbar sinkenden Lebenserwartung nach dem Zweiten Weltkrieg auseinandersetzen wollen, ist der Aufsatz von Rainer Dinkel: »The seeming paradox of increasing mortality in a highly industrialized nation: the example of the Soviet Union« in *Population Studies* 1985 zu empfehlen.

Die Theorie der konkurrierenden Risiken geht auf den Schweizer Mathematiker Daniel Bernoulli (1700-1782) zurück, der damit die Frage untersuchte, wieviele Extra-Jahre eine Elimination der Pocken den Menschen im Durchschnitt schenken würde (Antwort: bei den damaligen Mortalitätsverhältnissen im Durchschnitt 3 Jahre und 2 Monate; statt mit 26 wären sie im Mittel mit 29 Jahren gestorben). Eine schöne Zusammenfassung inklusive verschiedener Anwendungen dieser Theorie findet man in dem Aufsatz »An inquiry into various death rates and the comparative influence of certain diseases on the duration of life« von Noel Karn, *Annals of Eugenics* 1931.

13. Korrelation und Kausalität

In diesem vorletzten Kapitel sehen wir uns einige Methoden an, Zusammenhänge zwischen zwei Merkmalen bzw. Variablen zu erkennen und zu messen. In der folgenden Tabelle z.B. sind die Körpergröße und das Gewicht von 13 Männern – der Autor dieser Zeilen und zwölf seiner Freunde und Bekannten, also alles »echte« Daten – aufgelistet. Wir erheben also jetzt pro Objekt unserer Neugier nicht nur eine Variable wie bisher, sondern zwei:

Größe (in cm)	Gewicht (in kg)
170	60
172	76
175	60
176	75
177	66
180	65
180	78
183	75
185	87
187	72
188	90
190	82
194	92

Diese Daten können wir auch in ein Schaubild übertragen.
So sehen wir noch besser, was wir auch schon vorher wußten, nämlich, daß zwischen den Variablen »Größe« und
»Gewicht« ein Zusammenhang, und zwar ein positiver Zusammenhang besteht: große Männer wiegen im allgemeinen
mehr als kleine. Trotz der einen oder anderen Ausnahme
nimmt das Gewicht mit wachsender Körpergröße zu. Man
sagt dazu auch, Gewicht und Größe seien »positiv korreliert«.

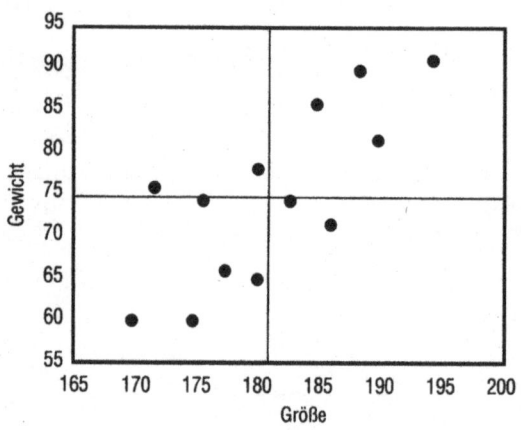

Korrelation Größe-Gewicht 1

Der Bravais-Pearson-Korrelationskoeffizient

Der bekannteste Gradmesser für den Zusammenhang zweier
Datenreihen ist der berühmte Bravais-Pearson-Korrelationskoeffizient, oft kurz Korrelationskoeffizient genannt. Er
wurde Ende des letzten Jahrhunderts von dem englischen

Statistiker Francis Galton »entdeckt« und dann von dessen Kollegen Bravais und Pearson, die nicht ganz zu Recht der Zahl auch ihren Namen gaben, populär gemacht.

Galton stellte zwei zentrale Überlegungen an, die zunächst nur die beiden Variablen separat betreffen, die aber auch helfen, seinen Korrelationskoeffizienten zu verstehen. Zunächst argumentierte er nämlich, daß Begriffe wie »groß« und »klein« oder »leicht« und »schwer« ohne einen Bezugspunkt wenig Sinn ergeben. Strenggenommen dürften wir also nicht sagen: »Große Männer sind schwerer als kleine«, ohne vorher festzulegen, was »große Männer« sind. Sind z.B. 180 Zentimeter »groß« oder nicht? Oder fängt »groß« erst bei zwei Meter an?

Galtons Antwort war, daß »groß« und »klein« immer nur in bezug auf einen wie auch immer definierten Durchschnitt gelten kann. Nicht die absoluten Werte, sondern die Abweichungen vom Mittelwert sind das eigentlich Interessante – bei Körpergröße und Gewicht wie bei allen anderen Variablenpaaren auch. »Groß« heißt »größer als der Durchschnitt« und »klein« heißt »kleiner als der Durchschnitt«, und eine positive Korrelation von Größe und Gewicht bedeutet, daß Männer mit überdurchschnittlicher Körpergröße auch überdurchschnittlich viele Kilos auf die Waage bringen.

Der übliche Durchschnitt ist dabei das arithmetische Mittel. Zwar hatte Galton selbst noch den Median benutzt, aber aus Gründen, die uns hier nicht interessieren sollen, ist man heute davon abgekommen. In unserem Beispiel erhalten wir etwa ein arithmetisches Mittel von 181,3 Zentimeter für die Größe und ein arithmetisches Mittel von 75,2 Kilo für das Gewicht – in obigem Schaubild als dünne Linien eingetragen –, so daß etwa die erste Person in der Tabelle um 11,3 Zenti-

Sir Francis Galton, 1822-1911

meter kleiner und um 15,2 Kilo leichter als der Durchschnitt und die letzte Person in der Tabelle um 12,7 Zentimeter größer und um 16,8 Kilo schwerer als der Durchschnitt ist.

Galtons zweite Überlegung war nun, daß diese Abweichungen vom Mittelwert um so mehr Gewicht besitzen, je weniger die Daten streuen. Oder anders ausgedrückt: eine gegebene Abweichung vom Mittelwert fällt um so mehr aus dem Rahmen, je enger sich die Daten um den Mittelwert versammeln: Wenn alle Männer 80 Kilo wiegen und nur einer bringt zwei Zentner auf die Waage, wiegt das im wahrsten Sinne des Wortes mehr, als wenn die Gewichte gleichmäßig zwischen 60 und 100 Kilo streuen. Daher schlug Galton vor, die Abweichungen vom Mittelwert nicht in Zentimeter oder

Kilo, sondern in Vielfachen der jeweiligen Standardabweichung zu messen. Ist die Standardabweichung groß, ist eine gegebene absolute Abweichung vom Mittelwert weniger dramatisch, als wenn die Standardabweichung klein wäre. In unserem Beispiel hat die Variable »Körpergröße« eine Standardabweichung von 7,0 und die Variable »Gewicht« eine Standardabweichung von 10,1, so daß wir z.B. für die erste Person aus der Tabelle die folgenden sogenannten standardisierten Abweichungen vom Mittelwert erhalten:

$$\frac{170-181,3}{7,0} = -1,61 \quad \text{und} \quad \frac{60-75,2}{10,1} = -1,50.$$

Mit anderen Worten, die erste Person ist um 1,61 Standardabweichungen kleiner und um 1,50 Standardabweichungen leichter als der Durchschnitt, und das bleibt auch so – ein großer Vorteil solcher standardisierter Daten –, wenn wir die Maßeinheiten wechseln: Ob wir die Größe in Zoll oder in Zentimetern, oder das Gewicht in Pfund oder in Kilo messen, die standardisierte Größe von Person 1 bleibt immer -1,61 und das standardisierte Gewicht bleibt immer -1,50.

Das nächste Schaubild gibt die so erzeugten Wertepaare auch für die übrigen Personen aus der obigen Tabelle wieder. Bis auf die Skalierung der Achsen ähnelt es sehr dem ersten Diagramm: Wie gehabt, häufen sich Abweichungen nach oben bei der Größe bei Abweichungen nach oben beim Gewicht, und Abweichungen nach unten bei der Größe bei Abweichungen nach unten beim Gewicht. Die Punkte im Quadranten I rechts oben entsprechen dabei Kombinationen von überdurchschnittlicher Größe und überdurchschnittlichem Gewicht, die Punkte im Quadranten III links unten Kombinationen von unterdurchschnittlicher Größe und unterdurchschnittlichem Gewicht. Die Punkte in den Quadranten

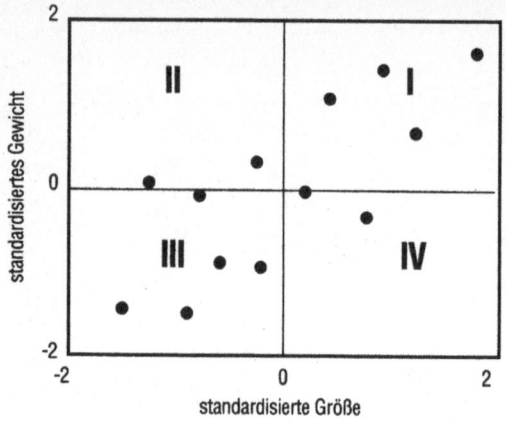

Korrelation Größe – Gewicht 2

II und IV schließlich gehören zu Kombinationen, bei denen eine Variable über und eine Variable unter ihrem Durchschnitt liegt.

In unserem Beispiel, wie ganz allgemein bei positiver Korrelation, häufen sich die Datenpunkte im rechten oberen und im linken unteren Quadranten, und das deutet auch schon an, wie man den Grad des Gleichklangs messen könnte: Je mehr Punkte in die Quadranten rechts oben und links unten fallen, desto stärker zeigen beide Variablen in die gleiche Richtung, desto größer ist die Korrelation.

Allerdings ist die reine Anzahl der Punkte als Maß etwas zu grob, denn so würden wir nicht zwischen Punkten weit weg von den Achsen, d.h. mit großen Abweichungen für *beide* Variablen, und Punkten nahe den Achsen unterscheiden, für die eine der beiden Abweichungen fast verschwindet, wie in dem Schaubild auf der nächsten Seite dargestellt.

Ganz offensichtlich bewegen sich die Werte der beiden Variablen um so stärker in die gleiche Richtung, je größer die

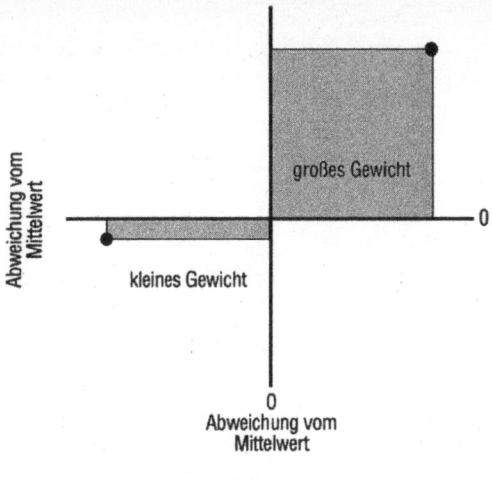

Gewichtung

Fläche des schraffierten Rechtecks ist, je weiter rechts oben oder links unten im Schaubild sich der Datenpunkt befindet. Ist also die Fläche der schraffierten Rechtecke groß, so ist auch der positive Zusammenhang groß, und ist die Fläche der schraffierten Rechtecke klein, so ist auch der positive Zusammenhang klein.

Das gleiche gilt für einen *negativen* Zusammenhang. Dieser ist um so negativer, je größer die entsprechenden Flächen in den Quadranten links oben und rechts unten sind, und damit sind wir auch schon bei unserem Korrelationskoeffizienten angelangt: Der Bravais-Pearson-Korrelationskoeffizient ist definiert als die mittlere Fläche, welche die Punkte unseres Diagramms mit den Mittelwert-Achsen bilden, wobei Flächen rechts oben und links unten positiv und Flächen links oben und rechts unten *negativ* zu zählen sind.

Wer das ganze gern in Formeln mag, nennt die erste Variable X, die zweite Y, den Korrelationskoeffizienten r_{xy}, die standardisierten Werte der ersten Variablen $x_1, x_2, \ldots, x_n$, die standardisierten Werte der zweiten Variablen $y_1, y_2, \ldots, y_n$, und schreibt statt dessen:

$$r_{xy} = \frac{x_1y_1 + x_2y_2 + \ldots + x_ny_n}{n}.$$

Wie man leicht sieht, läuft diese Formel genau auf die mittlere Fläche unserer Rechtecke hinaus: Für Punkte rechts oben und links unten haben beide standardisierten Variablen das gleiche Vorzeichen, entweder zweimal positiv oder zweimal negativ, und das Produkt, alias Fläche zwischen Punkt und Achsen, ist positiv. Für Punkte links oben und rechts unten dagegen haben die Variablen verschiedene Vorzeichen, und das Produkt ist negativ. In unserem Beispiel erhalten wir so für den Korrelationskoeffizienten die Zahl $r_{xy} = 0{,}76$.

Das ist nicht weit entfernt von seinem Maximum. Wie man nämlich zeigen kann, liegen Korrelationskoeffizienten immer zwischen plus und minus eins, d.h. ein Wert von 0,76 ist schon beachtlich groß.

Der Bravais-Pearson-Korrelationskoeffizient ist das arithmetische Mittel der Produkte der standardisierten Variablenpaare.

Die Kovarianz

Alternativ und etwas komplizierter kann man den Korrelationskoeffizienten auch mittels der Rohdaten schreiben (im weiteren zur Unterscheidung von den standardisierten Werten mit großen Buchstaben bezeichnet). Dazu erinnern wir uns, daß s_x für die Standardabweichung der X-Werte und s_y für die Standardabweichung der Y-Werte steht, und erhalten

$$r_{xy} = \frac{\frac{1}{n}\left(\left(x_1 - \bar{x}\right)\left(y_1 - \bar{y}\right) + \ldots + \left(x_n - \bar{x}\right)\left(y_n - \bar{y}\right)\right)}{s_x s_y}.$$

In dieser Form trifft man den Bravais-Pearson-Korrelationskoeffizienten meistens in den Lehrbüchern an.

Der Zähler in dem letzten Bruch wird auch »Kovarianz« genannt. Er ist ein alternatives Maß für den Gleichklang in den Daten, hängt aber im Gegensatz zum Korrelationskoeffizienten von den Maßeinheiten der Variablen ab. Wie man leicht nachrechnet, beträgt in unserem Beispiel die Kovarianz zwischen Größe und Gewicht (in Zentimeter und Kilo gemessen) 54,69. Messen wir unsere Variablen dagegen in Millimeter und Gramm, wächst die Kovarianz auf 546 900, also das Zehntausendfache an. Daher ist die Kovarianz als seriöses Maß für den Datengleichklang kaum zu gebrauchen.

Negative Korrelation

Statt im Gleichschritt, wie bei Körpergröße und Gewicht, können Variablen auch konträr verlaufen: Große Werte der einen treten im Tandem mit kleinen Werten der anderen auf und umgekehrt. Dann häufen sich die Datenpunkte in den Quadranten II links oben und IV rechts unten, und die Korrelation wird negativ.

Ein Beispiel sind die pro Verein erzielten und eingefangenen Tore in der Fußball-Bundesliga. Wie wir etwa in der folgenden Abschlußtabelle der Saison 1990/91 sehen, lassen

Klubs mit vielen erzielten Treffern in der Regel weniger Gegentore zu als Klubs, die nicht so viele Tore schießen.

Bundesliga-Schlußtabelle 1990/91

Verein	Punkte	Tore
K'lautern	48:20	72:45
München	45:23	74:41
Bremen	42:26	46:29
Frankfurt	40:28	63:40
Hamburg	40:28	60:38
Stuttgart	38:30	57:44
Köln	37:31	50:43
Leverkusen	35:33	49:54
M'gladbach	35:33	49:54
Dortmund	34:34	46:57
Wattensch.	33:35	42:51
Düsseldorf	32:36	40:49
Karlsruhe	31:37	46:52
Bochum	26:39	50:52
Nürnberg	29:39	40:54
St. Pauli	27:41	33:53
Uerdingen	23:45	34:54
Berlin	14:54	37:84

Dieser negative Zusammenhang zwischen Toren und Gegentoren wird am besten deutlich, wenn wir wieder wie gehabt die Daten, in diesem Fall die aktiven und passiven Treffer pro Saison, in ein Schaubild übertragen (wobei ich die beiden »Ausreißer« Hertha BSC Berlin und Werder Bremen ignoriere; dann ergibt sich ein Korrelationskoeffizient von -0,69, sonst -0,48):

An solchen Diagrammen sieht man auch sehr schön, wann und warum zwei Variablen überhaupt nicht korrelieren: nämlich immer dann, wenn sich die Punkte relativ gleich-

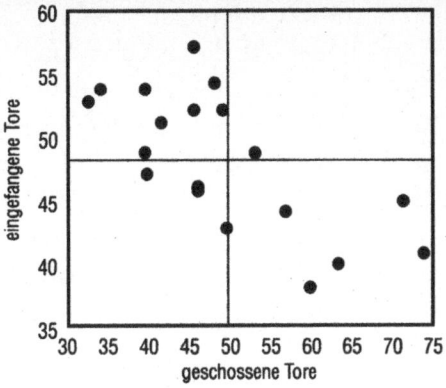

Korrelation Tore und Gegentore

mäßig über alle Quadranten verteilen, d.h. wenn große Werte der einen sowohl mit großen wie mit kleinen Werten der anderen zusammen auftreten, und umgekehrt. Eines von

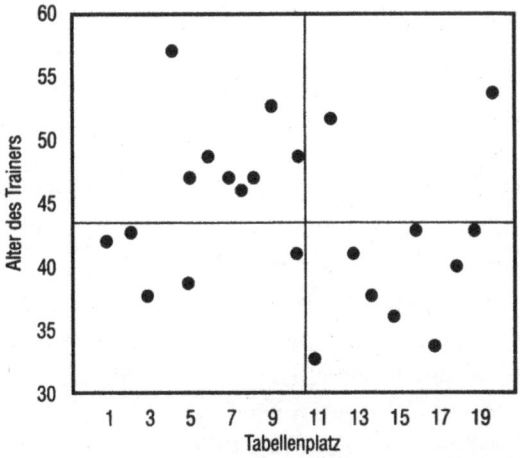

Korrelation Tabellenplatz – Alter des Trainers

vielen Beispielen ist etwa, um bei der Fußball-Bundesliga zu bleiben, der Platz in der Tabelle und das Alter des Trainers. Die zweite Graphik auf der vorigen Seite zeigt einmal das Alter aller 20 Bundesligatrainer zu Beginn des Jahres 1992 zusammen mit dem Platz in der Tabelle, den ihre Mannschaft zu diesem Zeitpunkt innehatte. Hier ist kaum ein Muster zu erkennen, denn junge Trainer haben im großen und ganzen ebensolche Erfolge wie ihre älteren Kollegen und der resultierende Korrelationskoeffizient von -0,13 ist so gut wie Null.

Korrelation und Kausalität

So wie hier erklärt, ist der Korrelationskoeffizient strikt und ausschließlich ein Maß für Gleichklang in den Daten. Punkt. Von Kausalität, daß also das eine die Ursache des anderen wäre, ist dabei keine Rede. Eine positive Korrelation zweier Variablen X und Y heißt zunächst allein, daß relativ große Werte von X gerne mit relativ großen Werten von Y und relativ kleine Werte von X gerne mit relativ kleinen Werten von Y auftreten, und sonst nichts. Ob die Variable X auf die Variable Y im Sinn einer Kausalbeziehung einwirkt oder umgekehrt, ist daraus nicht zu entnehmen – und kann daraus auch nicht entnommen werden.

Eine Korrelation zwischen zwei Variablen kann vielmehr viele Väter haben, von denen einer etwa »Zufall« heißt: Wenn wir z.B. die Tore pro Verein mit hinreichend vielen anderen Variablen korrelieren, wie Sitzplätze im Stadion, dessen Höhe über Meeresspiegel, Alter der Ehefrau des Torhüters, Intelligenzquotient des Präsidenten etc. . ., wird uns der Zufall, falls wir nur lange genug suchen, irgendwann die eine oder andere hohe positive oder hohe negative Korrelation bescheren, auch wenn die Variablen nach menschlichem Ermessen nicht das mindeste gemeinsam haben. So hat man etwa in den 60er und 70er Jahren dieses Jahrhunderts eine erstaunliche negative Korrelation zwischen der Rocklänge in der Damenmode und dem Dow-Jones-Aktienindex festgestellt, wofür wohl nur der Zufall als Erklärung bleibt. Und selbst wenn eine Kausalität besteht, wirkt diese oft anders als man denkt. Ein immer wieder gern zitiertes Beispiel ist die negative Korrelation zwischen Körpertemperatur und Läusen auf dem Kopf (in Sozialwesen, wo Läuse noch nicht ausgerottet sind), woraus die Bewohner der Neuen Hebriden, einer Inselgruppe im südlichen Pazifik, dann den Schluß gezogen haben, daß Läuse Fieber senken und gut für die Gesundheit sind. In Wahrheit verläuft die Kausalrichtung natürlich genau umgekehrt: Hohes Fieber vertreibt die Läuse, d.h. die Ursache ist die Temperatur und die Wirkung sind die Läuse auf dem Kopf.

Leider schweigt sich der Korrelationskoeffizient zu dieser Frage der Kausalität und Kausalitätsrichtung aber völlig aus. Über Ursache und Wirkung entscheidet keine Formel, sondern immer nur das Sachproblem. Zuweilen ist dabei die Antwort klar, wie bei der Korrelation zwischen Körpergröße Vater und Körpergröße Sohn, zwischen Bierkonsum und Wetter, oder zwischen ausgebrachten Düngemitteln und Erträgen in der Landwirtschaft, aber oft ist die Kausalrichtung auch durchaus zweifelhaft. Eine allgemeine Regel gibt es leider nicht, denn selbst das Kriterium der zeitlichen Reihenfolge (»post hoc, ergo propter hoc«) führt wie bei Weihnachtskäufen häufig in die Irre: Alle Jahre wieder schnellen Anfang Dezember die Umsätze im Einzelhandel in die Höhe, aber trotzdem glaubt kein Mensch, daß es deshalb

Weihnacht wird. Hier hinkt die Ursache der Wirkung vielmehr hinterher.

Schließlich kann Korrelation auch ohne irgendeine direkte Kausalbeziehung allein durch einen oder mehrere gemeinsame Verwandte im Hintergrund entstehen, wie etwa die hohe positive Korrelation der Körpergröße von Geschwistern. Analog beobachten wir seit Jahrzehnten eine fast perfekte Korrelation zwischen den Börsenkursen von VW und Daimler-Benz (und zwischen den Kursen und Renditen vieler anderer Aktiengesellschaften ebenso), die allein durch die Hintergrundvariable »Autokonjunktur« entsteht. Andere Beispiele sind die jährlichen Niederschläge in Mainz und Wiesbaden, der Wasserstand von Rhein und Donau, die Inflation in Bayern und Baden-Württemberg, die Preise von Benzin und Heizöl und viele andere Variablenpaare mehr. In allen diesen Fällen geht die Korrelation auf eine Kausalbeziehung, aber weniger zwischen den Variablen selbst, als vielmehr zwischen diesen und einer gemeinsamen Ursache wie das Wetter oder die allgemeine Wirtschaftslage im Hintergrund zurück. Solche Korrelationen sind die wohl häufigsten überhaupt.

Zugleich ist die Mißdeutung solcher Korrelationen im Sinn einer direkten Kausalbeziehung einer der häufigsten Fehler in der gesamten angewandten Statistik. So können wir »beweisen«, daß Klapperstörche Kinder bringen, daß Krankenhäuser der Gesundheit schaden (denn immer mehr Menschen finden dort den Tod) oder daß Haarausfall das Einkommen erhöht: In der Tat korreliert bei Männern das Einkommen hoch negativ mit den Haaren auf dem Kopf, aber nicht, weil letztere uns am Geldverdienen hindern, sondern weil mit zunehmendem Alter das Einkommen wächst und die Haarpracht schrumpft.

Das Simpson-Paradox

Der Korrelationskoeffizient, so wie oben eingeführt, ist nur für metrische alias quantitative Variable, also für Merkmale definiert, deren Ausprägungen sich sinnvoll addieren, multiplizieren und dividieren lassen. Natürlich können aber auch sogenannte qualitative Merkmale wie »Haarfarbe«, »Religion«, »Geschlecht«, »Beruf«, »Schulbildung«, »Ehestatus« etc. Abhängigkeiten aufweisen, die dann aber nicht mehr mit dem Korrelationskoeffizienten, sondern mit anderen Maßen nachzuweisen sind. Die konkreten Prozeduren, die es dafür gibt, sollen uns hier nicht weiter interessieren. Statt dessen sehen wir uns eine böse Falle an, ähnlich den heimtückischen Hintergrundvariablen bei gewöhnlicher Korrelation, die auch hier immer wieder zu Fehlschlüssen führt, das berühmte Simpson-Paradox.

Ein nur leicht adaptiertes Beispiel aus dem »wahren Leben«, mit den zwei qualitativen Variablen »Geschlecht« und »Zulassung zum Studium«: An einer Universität mit Numerus Clausus bewerben sich 1000 Kandidaten, 500 Männer und 500 Frauen, für die beiden Fächer Mathematik und Soziologie. Der Fachbereich Soziologie sei reichlich überlaufen und akzeptiere nur einen kleinen Prozentsatz der Bewerber, konkret 12,5 Prozent der Frauen und 10 Prozent der Männer. Der weniger überlaufene Fachbereich Mathematik dagegen akzeptiere 50 Prozent der Frauen und 40 Prozent der Männer. Mit anderen Worten, *beide* Fächer lassen bevorzugt Frauen zu; in Soziologie wie in Mathematik hat eine Frau, sofern sie sich bewirbt, eine größere Aussicht auf einen Studienplatz als ein Mann. Trotzdem kann es vorkommen, und ist an amerikanischen Universitäten verschiedentlich auch schon vorgekommen, daß letztendlich und insgesamt *weniger* Frauen als Männer zum Studium zugelassen sind!

Dieses paradoxe Resultat hängt von der Aufteilung der Bewerber auf die beiden Fächer ab. Angenommen etwa, Frauen entscheiden sich eher für die gerade modische Soziologie, Männer mehr für die harte Mathematik, entsprechend der folgenden Aufteilung:

	Soziologie	Mathematik	zusammen
Männer	320	180	500
Frauen	480	20	500
zusammen	800	200	1 000

Bei dieser Aufteilung der Bewerber werden insgesamt 70 Frauen (60 für Soziologie und 10 für Mathematik) und 104 Männer zugelassen (32 für Soziologie und 72 für Mathematik), obwohl in *beiden* Fächern Frauen Vorzugsrecht genießen! Der Vorwurf der Diskriminierung von Frauen, wie er in solchen Fällen in den USA tatsächlich schon erhoben wurde, ist also völlig aus der Luft gegriffen.

Ein weiteres Beispiel ist das angeblich sinkende Einkommen unserer Ärzte. Auch hier hat vermutlich wieder das Paradox von Simpson zugeschlagen. Zwar hat in der Tat das Durchschnittseinkommen unserer niedergelassenen Ärzte in den letzten Jahren abgenommen, aber nicht weil diese peu à peu verarmen, wie sie uns gerne glauben machen möchten, sondern weil zunehmend junge Ärzte, die erst am Anfang ihrer Großverdienerkarriere stehen, in das Berufsleben eintreten und so den Durchschnitt senken. Obwohl also das Durchschnittseinkommen sinkt, nimmt möglicherweise das Einkommen jedes einzelnen Arztes weiter zu.

Ein anderes Kunstprodukt von Simpsons Paradox ist vielleicht auch die Zunahme der Krebsgefahr, vor der sich heute so viele Menschen fürchten. Die folgende Tabelle vergleicht einmal die Todesursachen in Deutschland 1905 und 1995.

Wie wir sehen, hat Krebs in der Tat dramatisch zugenommen, was oft der modernen Industrie und Umwelt angelastet wird.

Todesursachen 1905 und 1995

	1905	1995
Krebs	3,7 %	24,1 %
Herz-Kreislauf	10,4 %	48,5 %
Tbc	10,3 %	0,1 %
Altersschwäche	9,7 %	????????,? %
Unfälle und Selbstmord	3,0 %	3,7 %
Sonstige Ursachen	62,9 %	23,6 %

Dabei vergißt man aber oft, daß die Menschen heute auch viel älter sind. Denn ein Grund, und vielleicht sogar der wichtigste, warum heute mehr Menschen als früher an Krebs sterben, ist die in der Zwischenzeit drastisch gestiegene Lebenserwartung. Vermutlich starben Menschen schon immer mit wachsendem Alter häufiger an Krebs. Nur wurden sie früher eben nicht so alt. Je höher die Lebenserwartung, desto höher auch die Krebsmortalität. So haben etwa japanische Männer die höchste Lebenserwartung (75 Jahre), aber auch die höchste Krebssterblichkeit der Welt (26 Prozent). Auf der anderen Seite sterben in den armen, medizinisch schlecht versorgten Ländern dieser Erde nur 5 bis 10 Prozent der Menschen an Krebs, aber nicht, weil sie so gesund, sondern weil sie so miserabel leben.

Diesen Effekt beobachten wir selbst innerhalb der Bundesrepublik: Wo die Krebssterblichkeit am höchsten ist, leben die Menschen am längsten. Die höchste Krebsmortalität, verbunden mit Spitzenplätzen bei der Lebenserwartung, haben wir hier in Bremen (23,5 Prozent) und Schleswig-Holstein (23,4 Prozent aller Verstorbenen im Durchschnitt der Jahre 1980 bis 1985). Das Saarland und in Berlin dagegen, wo im regionalen Vergleich die wenigsten Menschen an Krebs sterben (21,8 und 19,9 Prozent), bleiben ein Jahr hinter der Lebenserwartung der anderen zurück.

Denksportexkurs: Einige Eigenschaften des Korrelationskoeffizienten

Wie wir oben schon gesehen haben, hängt der Korrelationskoeffizient von den Rohdaten nur über deren standardisierte Werte ab. Oder anders ausgedrückt: Daten mit identischen Standardwerten haben auch identische Korrelationskoeffizienten. Daraus folgt zum Beispiel, daß sich Korrelationskoeffizienten bei Addition einer Konstanten oder bei Multiplikation mit einer Konstanten nicht verändern. Ob wir die Morgentemperatur an den Flughäfen Frankfurt und London in Fahrenheit oder Celsius oder in Grad Kelvin messen: die Korrelation zwischen diesen Temperaturen bleibt die gleiche, genau wie die Korrelation zwischen Größe und Gewicht oder zwischen Alter und Einkommen sich nicht ändert, ganz gleich mit welcher Skala man die Variablen mißt.

Wie man sich ebenfalls leicht überlegt, tritt das Maximum von +1 des Korrelationskoeffizienten genau dann auf, wenn alle Datenpunkte auf einer Geraden mit positiver Steigung liegen.

Perfekte positive Korrelation

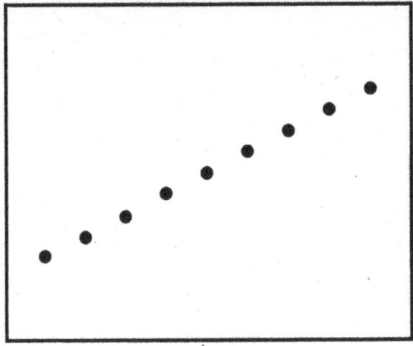

Ist die Steigung der Geraden dagegen negativ, resultiert ein Korrelationskoeffizient von -1.

Perfekte negative Korrelation

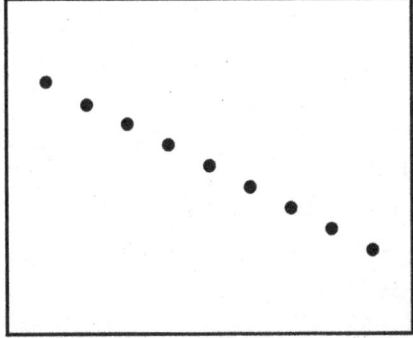

Dieses Schaubild warnt zugleich, daß der Korrelationskoeffizient nur ein Maß für den *linearen* Gleichklang in den Daten ist. Andere, etwa quadratische Arten der Abhängigkeit werden vom Korrelationskoeffizienten nicht erkannt! Das letzte Schaubild zeigt einen perfekten, wenn auch nichtlinearen Zusammenhang zwischen den Variablen X und Y, mit einem Korrelationskoeffizienten r_{xy} von Null!

Keine Korrelation trotz Abhängigkeit

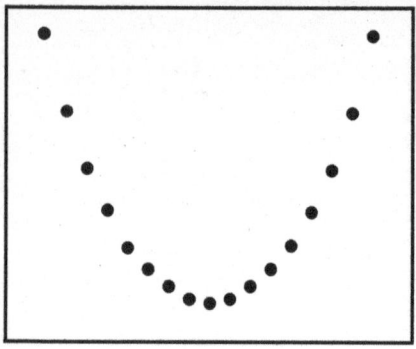

Mit anderen Worten, ein kleines r_{xy} heißt nicht, daß kein Zusammenhang besteht. Es sagt uns nur, daß kein linearer Zusammenhang besteht. Andere wie etwa quadratische oder sonstige kompliziertere Arten von Abhängigkeit sind dagegen noch nicht ausgeschlossen.

Literatur

Mehr über die Geschichte des Korrelationskoeffizienten ist in einem Aufsatz von Stephen Stigler in *Statistical Science* 1989 nachzulesen. Auch die Reminiszenzen von Galton selbst in den *Proceedings of the Royal Society* 1888 sind für historisch interessierte Leser sicher aufschlußreich. Warum Korrelationen und Kausalitäten sich oft beißen, wurde zum ersten Mal in aller Breite von Udny Yule im *Journal of the Royal Statistical Society* 1926 diskutiert, und die wahrscheinlichkeitstheoretischen Hintergründe von Simpsons Paradox finden interessierte Experten ausführlich in einem Aufsatz von C.W. Blyth im *Journal of the American Statistical Association* 1972 oder in meinem Buch *Denkste* (Frankfurt 1995) dargelegt.

14. Datengraphik: Vorsicht Falle

Im 8. Kapitel haben wir gesehen, wie man Bilder zum Vorzeigen von Daten nutzen kann. Dieser Weg über das Auge, wie effizient auch immer, kann aber auch »ins Auge« gehen. In dem folgenden Säulendiagramm z.B. erscheinen die Säulen seltsam geknickt und schief:

Solche Effekte entstehen leicht durch ungewöhnliche Schraffuren. Noch gefährlicher sind Längs- und Querstrei-

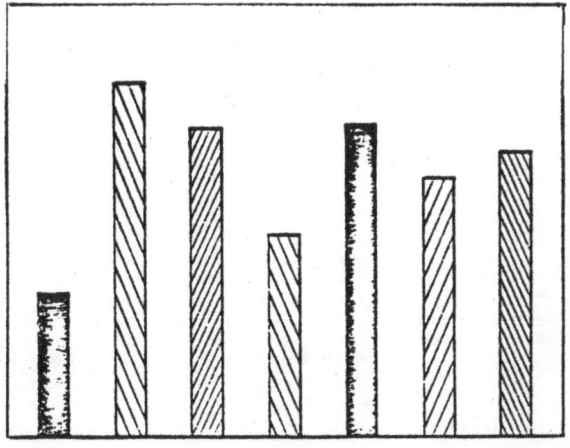

Irritierend: Säulen erscheinen geknickt bzw. schief

fen, denn Längsstreifen machen lang und dünn, wie jeder Schneider weiß, Querstreifen kurz und dick, und deshalb erscheinen in dem folgenden Säulendiagramm des deutschen Arzneimittelmarktes, dessen Herkunft ich aus Höflichkeit verschweige, die längsgestreiften Komponenten größer als die quergestreiften, obwohl sie, wie die Zahlen selbst verraten, durchweg kleiner sind. Außerdem weist das Diagramm auch noch zu große Abstände zwischen den Säulen und eine kaum lesbare Legende auf, so daß hier fast alle Fehler vertreten sind, die man bei Säulendiagrammen machen kann.

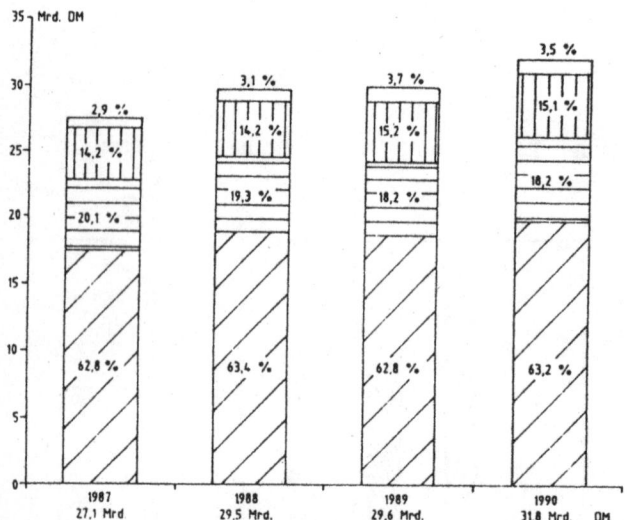

Abb. 3: Der Markt der Arzneimittel 1987—1990 (zu Endverbraucherpreisen). □ = Selbstmedikation mit freiverkäuflichen Arzneimitteln außerhalb der Apotheke: ▨ = Selbstmedikation mit rezeptfreien Arzneimitteln in der Apotheke: ■ = verordnete rezeptfreie Arzneimittel: ▦ rezeptpflichtige Arzneimittel. (Quelle: BAH-Geschäftsbericht 1990/91).

Diese Schraffur schmerzt beim Ansehen und führt außerdem noch in die Irre

Die nächste Graphik mißachtet unsere Leserichtung. Hierzulande liest der Durchschnittsmensch von oben nach unten und von links nach rechts, und deshalb haben Kurven- oder Balkendiagramme ihre Basis besser links, nicht wie im nächsten Beispiel rechts.

Vorsicht bei Flächen und Volumen

Eine weitere große Falle bei Datendiagrammen sind Flächen und Volumen. Nehmen wir zwei Millionäre, der eine doppelt so reich wie der andere. Eine gute graphische Übersetzung der Vermögen wären hier zwei Reihen von identisch großen Banknoten, in der einen Reihe doppelt soviele Banknoten wie in der anderen. Vergleichen wir damit nun die folgenden beiden Diagramme. In dem ersten ist die Fläche, in dem zweiten sind die Seiten des rechten Scheins doppelt so groß wie die des linken; beide sind zur Datenübertragung ungeeignet.

Bei einschlägigen Experimenten halten die meisten Versuchspersonen den rechten Schein nicht für 2mal, sondern nur für 1,5- bis 1,8mal größer als den linken; das erste Diagramm präsentiert den Vermögensvorsprung des Reichen daher als zu klein. Noch größer ist der Fehler beim zweiten Diagramm. Zwar schätzen auch hier die meisten Versuchspersonen das wahre Flächenverhältnis von 4:1 zu klein, in der Regel zwischen 3:1 und 3,5:1, aber die Überschätzung des wahren Quotienten von 2:1 ist trotzdem weit drastischer als die Unterschätzung im ersten Diagramm. Was man also macht, ist falsch.

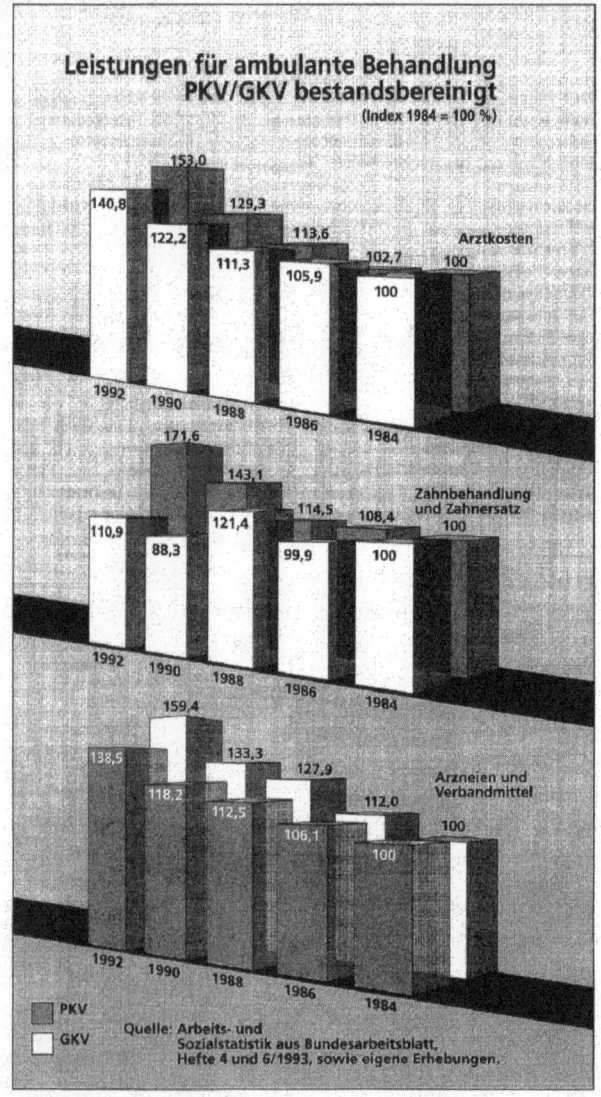

Leistungen für ambulante Behandlung PKV/GKV bestandsbereinigt
(Index 1984 = 100 %)

Arztkosten

	1992	1990	1988	1986	1984
PKV	140,8	153,0	129,3	113,6	102,7
GKV	122,2	111,3	105,9	100	100

Zahnbehandlung und Zahnersatz

	1992	1990	1988	1986	1984
PKV	110,9	171,6	143,1	114,5	108,4
GKV	88,3	121,4	99,9	100	100

Arzneien und Verbandmittel

	1992	1990	1988	1986	1984
PKV	138,5	159,4	133,3	127,9	112,0
GKV	118,2	112,5	106,1	100	100

PKV
GKV

Quelle: Arbeits- und Sozialstatistik aus Bundesarbeitsblatt, Hefte 4 und 6/1993, sowie eigene Erhebungen.

Ungewöhnlich und deshalb schlecht: die Zeit verläuft von rechts nach links Schlecht auch die 3D-Darstellung und die verschobenen Säulen.

Die Fläche des rechten Scheins ist doppelt so groß wie die des linken

Die Seiten des rechten Scheins sind doppelt so groß wie die des linken Scheins

Nochmals eine Dimension vertrackter wird dieses Problem bei dreidimensionalen Figuren wie in den nächsten Diagrammen, welche die Vermögen durch verschieden große Geldschränke optisch darstellen. Im ersten Diagramm hat der rechte Geldschrank das doppelte Volumen, im zweiten Diagramm die doppelten Seitenabmessungen (und damit das achtfache Volumen!) wie der linke; auch hier ist keine Version zur Darstellung des wahren Größenverhältnisses wirklich gut geeignet. Zwar identifizieren wir bei Raumfiguren gerne Größe und Volumen (insoweit wäre also das erste Diagramm korrekt), aber bei Volumen unterschätzen die meisten Menschen die wahren Relationen noch viel drastischer als bei Flächen. So geben wir dem rechten Geldschrank im ersten Diagramm im Durchschnitt das 1,3- bis 1,5fache statt das 2fache, und im zweiten Diagramm das 4- bis 6fache statt das 8fache Volumen des linken, d.h. sowohl die Unterschätzung im einen als auch die Überschätzung im anderen Fall sind nochmals eklatanter als zuvor.

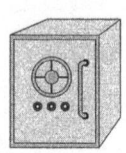 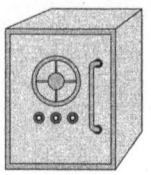

Der rechte Geldschrank hat das doppelte Volumen des linken, wird aber weniger als zweimal so groß eingeschätzt

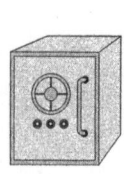 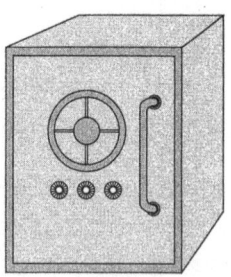

Der rechte Geldschrank hat das 8fache Volumen des linken, wird aber nur 4- bis 6mal größer eingeschätzt

Achtung Kurve

Kurvendiagramme werden immer dann gefährlich, wenn mehr als eine Datenreihe darzustellen ist. So wird z.B. bei zwei parallel ansteigenden Kurven deren Abstand meistens unterschätzt. Im nächsten Beispiel etwa liegt die obere Kurve immer zwei Einheiten über der unteren, aber das Diagramm scheint klar zu sagen, daß sich die Kurven immer näher kommen. Im übernächsten Beispiel dagegen scheinen beide Kurven stets den gleichen vertikalen Abstand einzuhalten, während dieser in Wirklichkeit ganz beträchtlich schwankt.

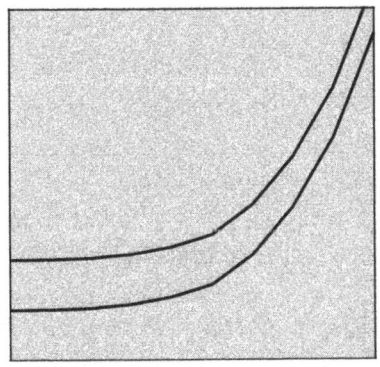

Die beiden Kurven haben überall den gleichen vertikalen Abstand, rücken aber scheinbar immer enger zusammen

Wann immer der Abstand zweier Datenreihen wichtig ist, sollte man statt dessen Säulendiagramme nehmen, die das Auge des Betrachters in die Vertikale zwingen, so wie in der Graphik der monatlichen Höchst- und Tiefsttemperaturen im australischen Sydney auf Seite 121.

Widerstehen Sie ferner der Versuchung, zuviele Kurven in ein und dasselbe Diagramm zu zwängen. Denn wenn man zuviel zeigen will, zeigt man am Ende überhaupt nichts mehr. Und achten Sie auf gleiche Maßeinheiten, sonst führt ein Mehrfach-Kurvendiagramm in aller Regel in die Katastrophe. Dergleichen »Doppelskalen-Diagramme«, Kurvendiagramme mit zwei verschiedenen senkrechten Skalen, eine

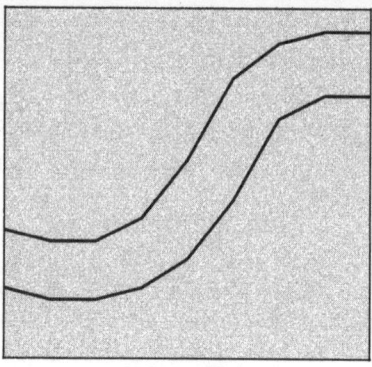

*Die Kurven scheinen immer den gleichen Abstand einzuhalten,
obwohl der wahre Abstand um mehr als 100 Prozent variiert*

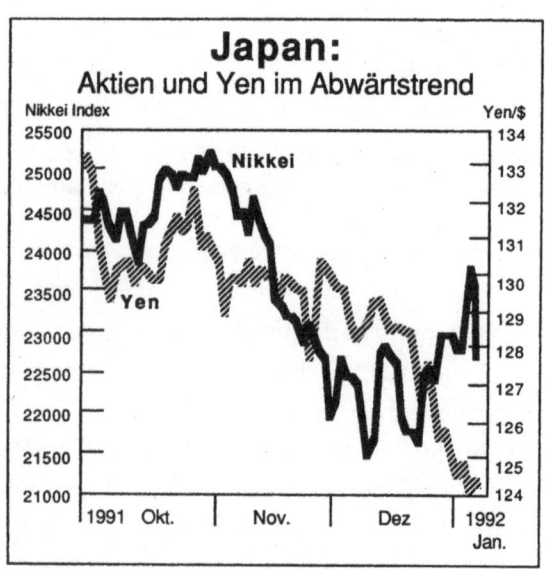

*Ein unverdauliches Doppelskalen-Diagramm: Bis man hier weiß,
welche Kurve was bedeutet, haben andere schon die ganze
Zeitung ausgelesen . . .*

links und eine rechts, sind in aller Regel nicht zu lesen, bestenfalls nur zu entziffern, und oft, so wie im nächsten Beispiel, noch nicht mal das.

Chartjunk und Computerschrott

Weitere Katastrophen drohen, wenn man das Denken beim Erstellen einer Graphik dem Computer überläßt. Ein Beispiel ist das nächste Tortendiagramm. In der Reihung der

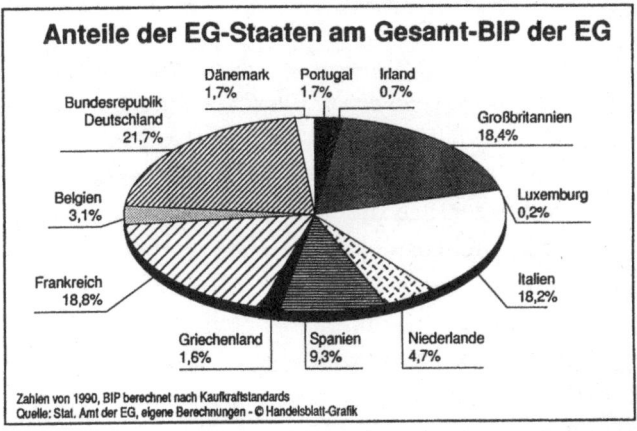

Schlecht: Kein System zu sehen

Kuchenstücke – abgesehen davon, daß es viel zu viele sind – ist nicht das geringste System erkennbar, weder alphabetisch noch politisch, weder geographisch noch historisch, weder von groß nach klein noch nach Bedeutung für den Leser (also mit der für deutsche Betrachter wohl wichtigsten Bundesrepublik auf der 12-Uhr Position), weder nach dem Alter des Staatsoberhauptes noch nach einem anderen erkenn-

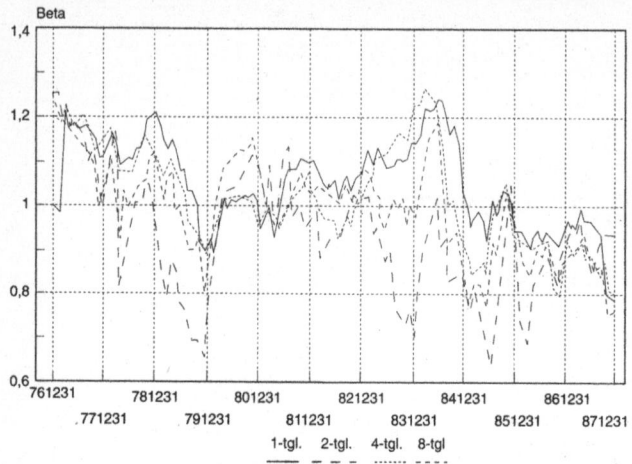

Betawerte für BASF AG bei verschiedenen Renditelaufzeiten

Das Ergebnis einer unflexiblen Software

baren System – ein kunterbuntes Durcheinander, mit dem weiteren Schnitzer, daß die perspektivische Darstellung den Vergleich der Kuchenstücke zusätzlich erschwert.

Ein weiteres Beispiel ist das folgende Spaghetti-Diagramm. Abgesehen davon, daß es zuviele Kurven in einem Diagramm enthält, ist die waagerechte Achse in gleich lange Perioden mehr zerhackt als aufgeteilt, ohne Rücksicht, ob die Teilstriche auf »runde« Daten fallen. Die Kurven sind zu dünn gezeichnet, das Raster viel zu aufdringlich, die Legende stört - kein Mensch hätte so etwas von Hand gezeichnet.

Im nächsten Beispiel kann die Software dagegen mehr als nötig, nämlich Torten und Säulen dreidimensional und perspektivisch zeichnen. Das ist an sich schon Ärgernis genug, wird aber durch die unterschiedlichen Blickwinkel für Torte und für Säule nochmals ärgerlicher. Die Perspektiven beißen sich, der Betrachter stutzt und grübelt: »Schiele ich oder was?« und vergißt über dieses Grübeln ganz, was eigentlich der Inhalt dieser Graphik ist.

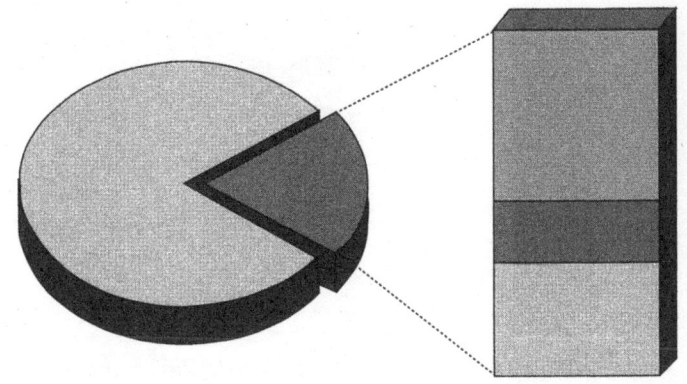

Vorsicht vor widersprüchlichen Perspektiven bei dreidimensionalen Darstellungen

Mehr als überflüssig, nämlich ausgesprochen hinderlich ist die dritte Dimension auch oft in Kurvendiagrammen. Das nächste Beispiel zeigt etwa die bekannten Grundstückspreise in Berlin und München in 3D, fügt damit aber nicht nur eine weitere Dimension, sondern auch allerlei Möglichkeiten für Mißverständnisse dazu. Die beiden Datenreihen schweben schwerelos (oder soll ich besser sagen: schwimmen wie das Zwillings-Ungeheuer von Loch Ness) in einem imaginären Aquarium, und man muß schon ein sehr gutes räumliches Vorstellungsvermögen besitzen, so wie es die Lufthansa bei Eignungstests für Piloten verlangt, um zu erkennen, wann Berlin nun München überholt.

Die wirklich sinnvollen Anwendungen von 3D-Datengraphiken lassen sich an den Fingern abzählen, wie etwa das

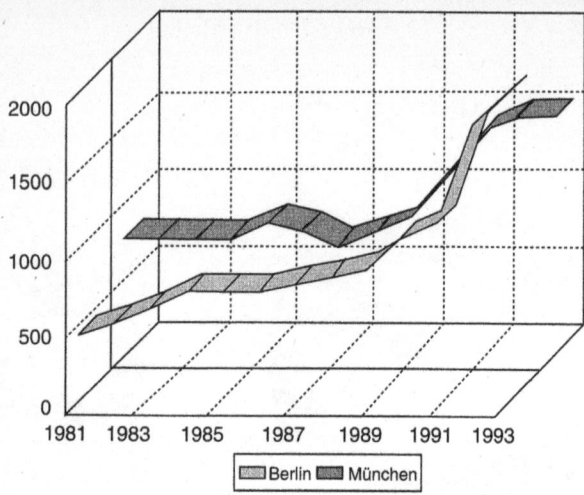

Eine Erfindung des Teufels: dreidimensionale Kurvendiagramme

3D-Flächendiagramm des deutsch-japanischen Außenhandels aus dem 8. Kapitel (Seite 126). Solche positiven Beiträge der dritten Dimension sind aber selten. Denn allzuoft ist das Motiv hinter 3D-Datengraphiken weniger die Liebe zu den Daten als zum eigenen Computer: »He guck mal, was mein Rechner alles kann!« Die folgende 3D-Darstellung der Niederschläge in ausgewählten europäischen Großstädten z.B. fügt der ersten Fassung aus dem 8. Kapitel nichts hinzu, sie lenkt sogar eher von den eigentlichen Daten ab. Wenn man das Bild einmal in »Chartjunk« (so nennt Edwar Tufte diesen Müll) und die eigentlichen Informationen zerlegt, wird deutlich, wie die Beilagen das Hauptgericht erdrücken.

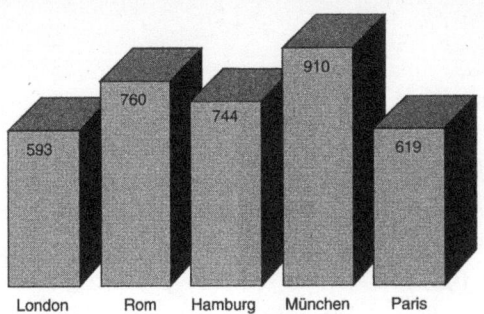

*Ein dreidimensionales Säulendiagramm; aber die dritte Dimension
bringt kein Bit an Extrainformation*

Chartjunk: überflüssige Beilagen

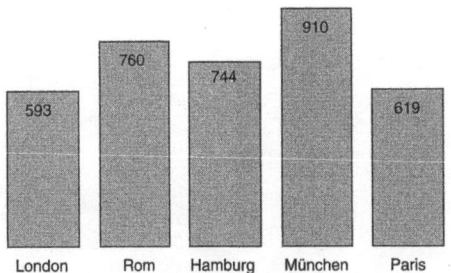

Daten sind das Hauptgericht

Literatur

Auch dieses Kapitel ist an mein Buch *So überzeugt man mit Statistik* (Frankfurt 1994) angelehnt. Weitere Beispiele speziell zum Mißbrauch von Datengraphiken finden sich auch bei Mark Monmonnier: *How to lie with maps* (Chicago 1991) oder in meinem Buch *So lügt man mit Statistik* (7. Auflage, Frankfurt 1997).

Epilog
Welchen Zahlen darf man glauben?

Auf den vergangenen Seiten haben wir schon verschiedene Betriebsunfälle kennengelernt, die beim Sammeln und Aufbereiten von Daten unterlaufen können. Mit dieser abschließenden »Tour d'Horizon« möchte ich noch einmal allgemein vor den Gefahren warnen, die beim Argumentieren mit Statistiken zu beachten sind. Denn eines haben wir gelernt: Nichts überzeugt den Zweifler mehr als eine Zahl. »Wieviele Menschen leben heute auf der Welt?« Antwort : »5 Milliarden, 292 Millionen, 178 Tausend und 327.« Ende der Debatte. Was soll man da noch sagen? Der Frager schweigt, die Autorität der Zahl hat wieder mal gesiegt.

In Wahrheit ist diese Zahl natürlich wie fast alle solche Daten falsch – sie ist zu exakt. Solche schein-präzisen Zahlen erzeugen oft eine unverdiente Illusion der Präzision. Wenn etwa das Statistische Bundesamt für das Jahr 1995 genau 429 407 Todesfälle durch Herz-Kreislaufleiden meldet, so ist davon angesichts der notorischen Ungenauigkeit unserer Todesursachenstatistik maximal die erste Ziffer wahr, genau wie auch die Todesfälle durch Mord und Totschlag, Krebs und AIDS aus verschiedenen Gründen weit unpräziser sind als die lange Latte von Ziffern vermuten läßt, mit denen sie oft daherkommen.

Auch viele andere amtliche Zahlen blenden gerne mit solchem Ziffernglanz. Laut der deutschen Außenhandelsstatistik z.B. hat die Bundesrepublik in einem bestimmten Moment eines bestimmten Jahres exakt 187 908 elektrische Bügeleisen aus Singapur, 3 728 384 Taschenschirme aus Hongkong, 408 033 Mastgänse aus Ungarn und 895 gebrauchte Klaviere aus Großbritannien eingeführt – alles Zahlen, von denen eine so falsch ist wie die andere. Nicht weil unsere Amtsstatistik hier mit Absicht lügt, sondern weil diese Daten wegen der verschiedensten Meßfehler (Schmuggel, falsche Zollpapiere, Fehlklassifikationen etc.) unmöglich so exakt sein können wie man uns hier glauben macht.

Dito Außenhandel insgesamt: Laut dem »Statistischen Jahrbuch für das Ausland« wurden in einem Jahr weltweit Güter und Dienstleistungen im Wert von 2 912 Milliarden US-Dollar eingeführt und Güter und Dienstleistungen im Wert von 2 824 Milliarden ausgeführt. Trotz aller Präzision (und von Definitionsproblemen abgesehen) kann von diesen Zahlen aber höchstens eine stimmen, denn was der eine einführt, führt der andere aus, genauso wie es in der Fußball-Bundesliga insgesamt genausoviele Tore wie Gegentore gibt.

Das Ausmaß solcher Meßfehler wird am besten deutlich, wenn wir einmal verschiedene Positionen der »Volkswirtschaftlichen Gesamtrechnung« und deren Revisionen im Zeitablauf betrachten. So wurde etwa das westdeutsche Bruttosozialprodukt 1985 im Statistischen Jahrbuch 1986 mit 1 837,9 Milliarden DM angegeben, ein Jahr später mit 1 847,0 Milliarden DM, und zwei Jahre später, im Jahrbuch 1988, mit 1 845,6 Milliarden DM – immerhin Abweichungen von 10 Milliarden Mark. Von den fünf Ziffern der ersten

Zahl waren damit alle bis auf die ersten beiden falsch. Die endgültige, im Statistischen Jahrbuch 1989 publizierte Ziffer für das Bruttosozialprodukt 1985 ist 1 844,3 Milliarden Mark, aber niemand weiß, ob zumindest diese Zahl jetzt wirklich »richtig« ist (und sie ist es auch nicht, denn später meldete das Statistische Bundesamt eine nochmalige, superendgültige Revision, diesmal auf 1 834,0 Milliarden DM).

Noch krasser sind diese Revisionen bei den »Vorratsänderungen«, den Netto-Lagerzugängen und -abgängen unserer Unternehmen. Diese Statistik schwankt wie beschwipst durch unsere Jahrbücher, von zunächst (für 1985) +14,2 Milliarden DM, über +7,5 Milliarden, dann –1,4 Milliarden bis schließlich –0,7 Milliarden DM – ein Streubereich von 15 Milliarden Mark.

Glatte Lügen

Manchmal sind publizierte Zahlen auch glatt gelogen. Der Betrüger kennt durchaus die wahre Zahl, meldet aber eine andere. Der Historiker Hans Delbrück etwa hat einmal ausgerechnet, daß so viele persische Soldaten, wie die Griechen bei den Thermopylen angeblich besiegt haben, überhaupt nicht auf das Schlachtfeld passen, und diese Tradition militärischer Falschmeldungen hat sich über die Kreuzritter und die spanische Armada bis zum letzten Golfkrieg fortgesetzt: So viele Flugzeuge, wie Saddams Truppen dort angeblich abgeschossen haben, haben die Alliierten vermutlich nie gehabt.

Vor allem totalitäre Staaten linker wie rechter Couleur lügen so seit jeher im wahrsten Sinn des Wortes mit Statistik wie gedruckt. Von Wahlresultaten über Volkszählungen bis zu Kriminalität, Gesundheitswesen oder Bauwirtschaft: das meiste, was man hierzu liest, ist falsch. So meldete etwa die Ex-DDR jahrelang neue Wohnungsbaurekorde, weil jeder Platz in einem Altenheim, jedes Zimmer in einem Studentensilo und jede noch so flüchtig renovierte Wohnung als volle Neubauwohnung die Statistik zierte; oder war in Rumänien Krankheit und in Stalins Rußland Kriminalität per Anordnung von oben kaum noch existent.

Selbst halbwegs demokratische Staaten sind gegen diese Versuchung eines statistischen »Facelifts« nicht immun. So waren etwa in Thailand, wenn man einschlägigen Pressemeldungen glauben darf, die publizierten AIDS-Statistiken jahrelang zu niedrig ausgewiesen, um den einträglichen Sex-Tourismus nicht zu stören. Und ob die aus den Urlaubszentren des Mittelmeeres gemeldeten Zahlen zu Qualität des Wassers und der Umwelt wirklich stimmen, weiß nur der liebe Gott allein.

Gegen solche Übertölpelungen hilft nur eine gesunde Portion Skepsis gegen alle Zahlen, deren Produzenten zugleich auch deren Nutznießer sind.

Halbe Lügen

Weit gefährlicher als solch offener Betrug, der leicht zu entlarven ist, sind Zahlen, die an sich zwar stimmen, aber trotzdem nur die halbe Wahrheit sagen, wie die Sterbefälle in Alexander Solschenizyns »Krebsstation«, wo man alle hoffnungslosen Krebspatienten kurz vor dem Tod nach Hause schickt. So kann die Klinik-Leitung immer große Therapie-

Erfolge melden, denn damit sinkt die Sterblichkeit in diesem Hospital auf Null!

Genauso schönen auch andere Firmen gerne ihre Zahlen: Buchgewinne und -verluste, aufgelöste und kumulierte Rücklagen, aufgeblähte Abschreibungen – welcher Bilanzbuchhalter kennt das nicht.

Auch die Werbung wimmelt nur von solchen Halbwahrheiten. Vor Jahren bin ich bei der Anmietung eines Ferienhauses an der französischen Atlantikküste – »vier Kilometer bis zum Meer« – selbst einmal darauf hereingefallen. Wie sich dann herausstellte, lag das Haus tatsächlich wie im Prospekt versprochen nur vier Kilometer weit vom Meer. Allerdings konnte man dort wegen kilometerlanger Austernbänke nirgends baden. Der nächste Badestrand war 50 Kilometer weiter weg.

> Jede Statistik, die von einer interessierten Seite selbst erstellt und verbreitet wird, ist bis zum Beweis des Gegenteils als manipuliert zu betrachten.

Meß- und Übertragungsfehler

Bei einer Volkszählung in den USA, die wegen etlicher skurriler Resultate eine gewisse Berühmtheit erlangte, stellte sich unter anderem heraus, daß es dort verblüffend viele verwitwete Teenager unter 14 Jahren gab – ein Übertragungsfehler auf den Lochkarten, wie man später herausfand.

Solche Pannen kommen immer wieder einmal vor. Ein anderes berühmtes Beispiel ist die große Schweineschwemme in Bulgarien: Hier hatte eine erste, per Stichtag 1. Januar

durchgeführte Zählung genau 527 311 Stück dieses Borstenviehs erbracht, die zweite Zählung an einem anderen ersten
Januar wenige Jahre später dagegen über eine Million, mehr
als das Doppelte. Hier kam die falsche Statistik nicht durch
falsche Löcher auf irgendwelchen Pappkartons, sondern
durch die zwischenzeitliche Umstellung des Kalenders vom
Julianischen auf den Gregorianischen zustande: In Bulgarien
wurde damals die Hälfte aller Schweine zu Weihnachten geschlachtet, und der 1. Januar 1910, der Stichtag der ersten
Schweinezählung, lag *nach* Weihnachten. Bei der zweiten
Zählung dagegen lag der 1. Januar *vor* Weihnachten, da dieses Fest weiterhin nach dem alten Kalender gefeiert wurde –
und alle für den Weihnachtstisch bestimmten Schweine noch
am Leben waren. Zehn Tage später wäre die Statistik völlig
anders ausgefallen.

Falsche Antworten

Oft stehen hinter falschen Zahlen nicht die Datensammler,
sondern die befragten Personen selbst, die je nach Art der
Statistik oft wenig Interesse an einer Publikation der Wahrheit haben. Anfang dieses Jahrhunderts etwa hat man, wenn
wir dem amerikanischen Statistiker Jerome Cohen glauben
dürfen, in ein und derselben chinesischen Provinz kurz hintereinander einmal 28 Millionen und einmal 105 Millionen
Menschen gezählt – kein Wunder, ist man hier versucht zu
sagen, denn die erste Zählung fand zu Musterungs- und
Steuerzwecken statt, die zweite zur besseren Verteilung von
Geld und Brot nach einer Hungersnot.

Auch heute noch sind Volkszählungen wegen fehlender oder falscher Angaben der Befragten oft ungenauer als man glaubt. Seit Kaiser Augustus haben sie alle große Probleme mit illegalen Einwanderern, Asylbewerbern oder Obdachlosen, oder weisen notorisch mehr verheiratete Frauen als verheiratete Männer und überraschend viele Frauen zwischen 18 und 25 Jahren aus.

Auch verschiedene moderne Statistiken zu Einkommen und Steuern, sofern auf Angaben der Befragten beruhend, sind nur mit Vorsicht zu genießen. Wenn ich etwa in der Statistik der Kostenstruktur der Freien Berufe lese, daß einem Zahnarzt von 900 000 Mark Umsatz nur 350 000 Mark Reinertrag verbleiben, kann ich nur sagen: Wer's glaubt, wird selig. Angesichts der enormen Manipulationsmöglichkeiten sowohl bei Umsatz wie bei Praxiskosten ist diese Zahl, die auf den Angaben der Zahnärzte selbst beruht, mit Sicherheit zu klein.

Vollends dubios sind schließlich alle Zahlen, die, von Meinungsforschern produziert, morgens zu Gott und der Welt in unserer Zeitung stehen. Wenn man solchen Umfragen glauben darf, lieben die Deutschen im Fernsehen vor allem die Tagesschau und das Kulturprogramm, lesen gern ein gutes Buch, halten Geld für nebensächlich auf der Welt und achten beim Autokauf in erster Linie auf die Sicherheit (53 Prozent der Befragten) und kaum auf PS (22 Prozent), Prestige (20 Prozent) und Geschwindigkeit (15 Prozent). Amen, kann man da nur sagen. Ganz offensichtlich lügen die Befragten wie gedruckt.

Erschwerend tritt hier noch die Möglichkeit hinzu, durch geschicktes Fragen fast jede Antwort zu erhalten, die man will. So hätten nach Auskunft der Illustrierten *Bunte* 60 Prozent der Deutschen gerne wieder einen König, sind laut Emnid 69 Prozent aller Angestellten und 63 Prozent aller Hausfrauen mit ihrem Job zufrieden oder lehnen nach einer Umfrage der IG Metall 95 Prozent aller Arbeitnehmer das Arbeiten am Samstag ab. Wie sehr hier die Frage die Antwort vorbestimmt, sieht man am besten an einer zeitgleichen Untersuchung des Offenbacher Marplan-Instituts, nach der 72 Prozent aller Arbeitnehmer durchaus auch samstags arbeiten würden, wenn es für das Unternehmen gut wäre. Daher ist bei allen von den interessierten Parteien selbst geplanten Umfragen die größte Vorsicht angezeigt. Ob Kernkraft, Tempolimit, Todesstrafe, Asylgesetze oder Abtreibung: Hier schwanken Zustimmung und Ablehnung je nach Ehrlichkeit der Befragten und Art der Frage wie ein Rohr im Wind; solche Zahlen sind am besten im Papierkorb aufgehoben.

Definitionsprobleme

In der Ex-DDR wurden in Zeiten von Gemüseknappheit die besonders schweren Melonen statt dem Obst dem Gemüse zugerechnet, um das statistische Plansoll an Gemüsetonnen zu erfüllen. Hier stand hinter den produzierten Tonnen an Gemüse je nach Laune der Machthaber etwas anderes, und diese Gefahr, nämlich daß sich hinter gleichen Namen völlig verschiedene Dinge verbergen, droht nicht nur in der DDR-Agrarstatistik.

»Immer mehr Armut in reicher Republik«, meldete z.B. kürzlich unsere Tagespresse.

»Die Armut wird in der reichen Bundesrepublik ein immer größeres Problem. Nach einer gestern vom Deutschen Gewerkschaftsbund (DGB) und dem Paritätischen Wohlfahrtsverband veröffentlichten Studie lebt jeder zehnte Westdeutsche an oder unter der Armutsschwelle ... ›Noch nie lebten in der reichen Bundesrepublik so viele Arme wie zur Zeit‹, so faßte die stellvertretende DGB-Vorsitzende Ursula Engelen-Kefer gestern in Düsseldorf das Ergebnis einer Studie ›Armut in Wohlstand‹ zusammen.«

In dieser Meldung wird eine Zahl, von der wir hier einmal annehmen wollen, daß sie als solche durchaus stimmt, nämlich der Anteil der Haushalte mit einem Einkommen unter der Hälfte des Durchschnittseinkommens, als Maßstab für die Armut eingesetzt – sehr irreführend, wie man sich leicht überlegt: Angenommen, die OPEC oder der Papst stiften jedem deutschen Haushalt eine zusätzliche Rente in der Höhe seines Einkommens, so daß jeder Haushalt pro Monat dann doppelt soviel Geld wie vorher zur Verfügung hat. Nach dem üblichen Verständnis von Armut ist diese dann zurückgegangen.

Nicht so aus der Sicht des DGB. Denn nach seiner Definition bleiben weiter 10 Prozent aller Haushalte unter der Hälfte des Durchschnitts und damit arm! Und selbst wenn wir alle Einkommen verzehn- oder verhundertfachen, der Anteil der Haushalte unter der Hälfte des Durchschnittseinkommens rührt sich keinen Millimeter von der Stelle, die »Armut« bleibt auch bei beliebig hohen Einkommen immer gleich.

Genau die gleichen Probleme haben wir auch bei internationalen Vergleichen. Wenn wir etwa in der Bundesrepublik die gleiche »Armutsgrenze« wie in Indien nehmen, sind alle Bundesbürger reich. Legen wir dagegen in Indien die gleiche Grenze wie in Deutschland an, sind bis auf ein paar Maharadschas alle Inder arm (obwohl sehr viele dieser »Armen« sich selbst als durchaus wohlhabend bezeichnen würden).

Genauso hängen auch viele andere Statistiken fast mehr von der Definition als von den Daten ab. Je nach Definition und Quelle haben wir z.B. in Deutschland eine halbe bis eine Million Arbeitslose mehr oder weniger. Laut Bundesanstalt für Arbeit in Nürnberg etwa zählt als arbeitslos, wer (1) bei einem Arbeitsamt als Arbeitsloser offiziell gemeldet ist, (2) mehr als 19 Wochenstunden Arbeit sucht, (3) dem Arbeitsmarkt sofort zur Verfügung steht und (4) älter als 14 und jünger als 65 Jahre ist. Es ist also gar nicht so leicht, in Deutschland amtlich arbeitslos zu sein. Teilzeit-Arbeitswillige, Rentner auf der Suche nach einem Zusatzverdienst oder Teilnehmer von Umschulungsprogrammen, die dem Arbeitsmarkt vorübergehend entzogen sind, besonders aber alle, die die Suche über das Arbeitsamt entmutigt aufgegeben haben (die sogenannte stille Reserve), sind hier statistisch ausgegrenzt.

Auf der anderen Seite zählt die deutsche Amtsstatistik aber auch einige Pseudo-Arbeitslose mit, die gar nicht ernsthaft Arbeit suchen und nur unser soziales Netz als Hängematte nutzen. Ob dieser Effekt die Untererfassung der »stillen Reserve« ausgleicht oder nicht, sei hier dahingestellt – der Punkt ist, daß ein und derselbe Begriff durchaus nicht überall dasselbe meint.

Die OECD hat die je nach Meßlatte abweichende Arbeitslosenquote in ihren Mitgliedsländern einmal ausgerechnet und kam dabei für ein und dieselbe Periode auf Quoten von 11,0 bis 14,2 Prozent (Italien), 10,0 bis 14,1 Prozent (Niederlande) oder 6,6 bis 8,9 Prozent (Bundesrepublik Deutschland), von denen eine so richtig oder falsch ist wie die andere – sie sind nur verschieden definiert.

Register

Dieses Buch ist ein Glücks-
fall.

Georg von Wallwitz

Odysseus und
die Wiesel

Eine fröhliche Einführung
in die Finanzmärkte

Piper Taschenbuch, 160 Seiten
€ 9,99 [D], € 10,30 [A], sFr 14,90*
ISBN 978-3-492-30442-9

Als Fondsmanager ist Georg von Wallwitz ein Insider. Als Mathematiker und Philosoph gönnt er sich einen gelassenen Blick auf die Wirtschaftswelt, mit all ihren schillernden Akteuren. Er erklärt, warum die Finanzmärkte wurden, was sie sind: gefährlich, doch von hohem Unterhaltungswert.

Grundlagen wie Keynesianismus und Hedgefonds werden erläutert, aber auch handfeste Anlagestrategien erklärt. Dieses Buch vermittelt spielerisch, was Ihnen der Wirtschaftsteil der Zeitung nie beibringen konnte.

PIPER

Leseproben, E-Books und mehr unter **www.piper.de**

»Ein ganz und gar unge-
wöhnliches Mathebuch.«

The Times

Alex Bellos

Im Wunderland
der Zahlen

Eine mathemagische Reise

Aus dem Englischen von
Bernhard Kleinschmidt
Piper Taschenbuch, 480 Seiten
€ 12,99 [D], € 13,40 [A], sFr 18,90*
ISBN 978-3-492-30414-6

Schweden lösen ihre Verkehrsprobleme mit Algebra, unser iPod spielt Lieder keineswegs »zufällig« ab, und ja, es gibt eine todsichere Methode, den Lotto-Jackpot zu knacken – Alex Bellos führt uns auf unterhaltsame Weise durch das erstaunliche Reich der Zahlen, und seine Begeisterung für die Mathematik ist hochgradig ansteckend.

PIPER

Ideen für eine neue indust-rielle Revolution

Michael Braungart /
William McDonough
Cradle to Cradle
Einfach intelligent produzieren

Aus dem Amerikanischen von Karin
Schuler und Ursula Pesch
Piper Taschenbuch, 240 Seiten
€ 9,99 [D], € 10,30 [A], sFr 14,90*
ISBN 978-3-492-30467-2

Autos aus Autos? Schuhe als Düngemittel für unsere Balkonblumen? Zukünftig gibt es nur noch zwei Arten von Produkten: Verbrauchsgüter, die vollständig biologisch abgebaut werden können, und Gebrauchsgüter, die sich endlos recyclen lassen. Nicht weniger müssen wir produzieren, sondern verschwenderisch und in technischen und biologischen Kreisläufen. Eine ökologisch-industrielle Revolution steht uns bevor, mit der Natur als Vorbild.

PIPER

»Nothing is real.«

John Lennon

John Gribbin

Auf der Suche nach Schrödingers Katze

Quantenphysik und Wirklichkeit,
Mit 60 Abbildungen

Aus dem Englischen von
Friedrich Griese
Piper Taschenbuch, 336 Seiten
€ 10,99 [D], € 11,30 [A], sFr 16,50*
ISBN 978-3-492-24030-7

Die Quantenphysik gilt als eine der größten Leistungen unserer Zeit – und als eine der erfolgreichsten. Klar und anschaulich führt John Gribbin in ihre Welt ein und erläutert von den Anfängen der Atomtheorie des 19. Jahrhunderts bis zur gegenwärtigen Forschung eine der aufregendsten Wissenschaften, ohne die weder Laser noch Computer denkbar wären.

PIPER

Leseproben, E-Books und mehr unter **www.piper.de**

Elf Physiker sollt ihr sein!

Ratgeber fürs Studium

Mirjam Müller
Promotion – Postdoc – Professur
Karriereplanung in der Wissenschaft
2014 · 240 Seiten · ISBN 978-3-593-50172-7

Helga Knigge-Illner
Prüfungsangst besiegen
Wie Sie Herausforderungen souverän meistern
2010 · 253 Seiten · 17 Abb. · ISBN 978-3-593-39175-5

Walter Krämer
Wie schreibe ich eine Seminar- oder Examensarbeit?
3., überarb. und aktualisierte Auflage, 2009 · 189 Seiten · ISBN 978-3-593-39030-7

Helga Knigge-Illner
Der Weg zum Doktortitel
Strategien für die erfolgreiche Promotion
2., aktualisierte und erweiterte Auflage, 2009 · 242 Seiten · ISBN 978-3-593-38882-3

Cordula Janowski
Erfolgreich bewerben bei internationalen Organisationen
2008 · 285 Seiten · ISBN 978-3-593-38594-5

Otto Kruse
Keine Angst vor dem leeren Blatt
Ohne Schreibblockaden durchs Studium
12., völlig neu bearb. Auflage, 2007 · 266 Seiten · 15 Abb. · ISBN 978-3-593-38479-5

Howard S. Becker
Die Kunst des professionellen Schreibens
Ein Leitfaden für die Sozial- und Geisteswissenschaften
2. Auflage, 2000 · 223 Seiten · ISBN 978-3-593-36710-1

campus.de

campus

Frankfurt. New York